情绪心理学入门

完全图解版

松丽◎编著

中国纺织出版社有限公司

内 容 提 要

人都是情绪化的动物，只有善于控制情绪的人，才能正确认知和管理自我，懂得灵活变通和审时度势，才能逐步走向优秀。好情绪不是天生就有的，而是可以通过后天有意识地培养、修炼获得。

本书从心理学的角度出发，不但分析了情绪的心理学密码，还全方位地为我们提供了控制情绪的方法，希望能对那些意欲培养自己好情绪的读者有所帮助。

图书在版编目（CIP）数据

情绪心理学入门：完全图解版／松丽编著.--北京：中国纺织出版社有限公司，2023. 1
ISBN 978-7-5180-8315-2

Ⅰ. ①情… Ⅱ. ①松… Ⅲ. ①情绪—心理学—通俗读物 Ⅳ.①B842.6-49

中国版本图书馆CIP数据核字（2021）第018109号

责任编辑：张 宏　　责任校对：高 涵　　责任印制：储志伟

中国纺织出版社有限公司出版发行
地址：北京市朝阳区百子湾东里A407号楼　邮政编码：100124
销售电话：010—67004422　传真：010—87155801
http://www.c-textilep.com
中国纺织出版社天猫旗舰店
官方微博 http://weibo.com/2119887771
天津千鹤文化传播有限公司印刷　各地新华书店经销
2023年1月第1版第1次印刷
开本：880×1230　1/32　印张：7
字数：80千字　定价：39.80元

前言

生活中，我们每个人都是情绪化的动物，我们每天都会经历各种各样的事情，无论是在工作、生活还是学习中，我们都会产生各种不同的感受，或高兴、或欣喜、或悲伤、或愤怒，或偶尔觉得生活美满，或偶尔觉得工作压力大。这就是情绪，它存在于每个人的心中，而且在不同时期，不同场合产生着奇妙的效果。

每天忙碌的人们大致都曾有过这样的感受：当你心情愉悦时，你神清气爽，你会觉得周围一切人和事都那么顺眼，即便是平时看起来很难处理的某些工作，做起来也游刃有余；相反，假如你心情糟糕，你做什么都没劲，甚至食不知味。情绪的影响力由此可见。

而快乐与成功往往都属于那些善于控制自己情绪的人。我们会发现，一个善于控制情绪的人，即便可能不是最聪明、最漂亮或者最有才华的，但却能正确认知和管理自我，也是懂得灵活变通和审时度势的，他总能在各种场合中游刃有余。

一个善于控制情绪的人，无论在什么样的境况下都能保持微笑，从他们的脸上，你看不到一点失望和沮丧，他们对生活、对工作也总是充满着热情，在他身上，积极乐观的天性被发挥得淋漓尽致。

一个善于控制情绪的人，有着强大的感染力，他不仅在日常生活中能够做到轻松快乐，即便在竞争激烈的职场中，也同样能够做出很出色的成绩。只要有他在，我们就能感受到满满的正能量。

一个善于控制自己情绪的人，总是能看到事物的积极面，即使身处绝望之中，他们仍然能看到希望的种子，他们永远拥有乐观向上、不断奋斗的不竭动力。

诚然，人生路上，我们不会总是一帆风顺，也不会总是春风得意，也会遇到种种磨难、种种失意，但既然我们不能改变过去，那我们就去把握未来，我们不能决定一件事情的发展方向，但我们可以左右自己的情绪。只有善于控制情绪，才能扼住命运的咽喉，扭转事物发展的方向。

事实上，任何一个人，一旦学会了控制自己的情绪，就会走向优秀，也许你会羡慕这些人，但这种能力不是天生就有的，而是可以通过后天有意识地培养、修炼获得的。本书就全方位地为我们提供了控制情绪的方法，掌握好它，你就掌握了令自己快乐的钥匙，同时还能把幸福传播给别人。

目录

第1章　分析情绪，了解情绪的一些心理学特点　‖ 001

解析情绪密码，掌控人生方向　‖ 002

控制风险和失败，先从控制情绪开始　‖ 004

别忽视小小情绪的影响　‖ 006

梳理成长轨迹，管理自身情绪　‖ 009

第2章　剖析自我，了解和提升自己的情绪掌控力　‖ 013

掌控了情绪，也就控制住了局势　‖ 014

管理情绪，增加成事的可能性　‖ 017

凡事多思考，提升你的情绪稳定力　‖ 019

自我检查，看看你属于哪一种情绪类型　‖ 024

第3章　情绪调控，让自己随时保持在最佳状态　‖ 027

心境简单，幸福自然来　‖ 028

保持心态积极向上，就有了好情绪　‖ 031

善用心理暗示，时刻保持最佳情绪状态　‖ 033

并不是缺少美，而是缺少一双善于发现美的眼睛　‖ 036

假装快乐，你就真的会获得快乐　‖ 039

第4章　眼明心亮，运用心理策略洞悉他人情绪　‖ 043

从眼神读懂他人的内心世界　‖ 044

从对方语气中感受其情绪　‖ 046

积极的情绪影响，帮助他人重新振作起来　‖ 049

给予正确的情绪引导，培养出色的孩子　‖ 051

第5章　情绪转移，如何将坏情绪从内心释放出去　‖ 055

转移注意力，别将注意力一直放在坏情绪上　‖ 056

多做深呼吸，让你的情绪稳定下来　‖ 059

积极调整，挣脱坏情绪的枷锁　‖ 061

亲近大自然，为身心寻找一片净土　‖ 064

遗忘，有时是一种幸福　‖ 067

第6章　把控情绪，让积极的情绪感染他人　‖ 071

心胸宽广，包容他人的小情绪　‖ 072

始终有主见，你的情绪不可被他人掌控　‖ 075

面对他人的干扰，主动屏蔽　‖ 077

宠辱不惊，闲适自由　‖ 080

保持情绪稳定，成为心境平和的人　‖ 082

第7章　堵不如疏，要及时将坏情绪从内心释放出去　‖ 085

有了情绪别堵在心里，要及时疏导　‖ 086

适度争吵，偶尔争吵也是一种沟通　‖ 089

有了烦恼，不妨多向朋友倾诉　‖ 092

适当运动，在汗水中重生　‖ 095

旅行，让心灵得到沉淀与升华　‖ 098

第8章　选择快乐，快乐情绪就会一直跟随着你　‖ 101

快乐这把钥匙，能打开幸福生活之门　‖ 102

无论遇到什么，都积极面对　‖ 105

随心生活，过潇洒人生　‖ 108

成功永远属于积极的人　‖ 111

选择快乐，快乐也会选择你　‖ 113

自我激励，练就强大的心灵　‖ 116

第9章　自我暗示，保持积极精神状态的心理技巧　‖ 119

激励自己，让消极心态无处躲藏　‖ 120

积极的心理暗示，具有神奇的魔力　‖ 123

心怀感恩，别总是怨天怨地　‖ 126

不断暗示自己，变消极为积极　‖ 129

立即行动，激发你的潜能　‖ 132

第10章　鼓足勇气，卸下昨天的悲伤才能迎接新明天　‖ 135

压抑已久，不妨大声哭出来　‖ 136

微笑向前，忘掉昨日烦恼　‖ 138

卸下身上的重担，方能轻松前行　‖ 141

在失败中积累实力，成就更强大的自己　‖ 143

第11章　淡定从容，不让焦虑情绪影响你　‖ 147

顺其自然，别违背规律　‖ 148

戒除焦虑，让心归于安宁　‖ 151

一颗平常心，带你远离焦虑　‖ 153

活在当下，不要为明天担忧　‖ 156

崇尚简单，绝不成为贪念的奴隶　‖ 159

第12章　战胜抑郁，积极起来让自己更轻松　‖ 163

多与人交往，一个人的世界并不精彩　‖ 164

积极这把钥匙，能帮你打开心中抑郁的牢笼　‖ 167

有困难找朋友，借助友谊的力量　‖ 170

猜忌是快乐的最大敌人　‖ 174

寻根究源，别再让童年阴影困扰你　‖ 177

患得患失，你只会越发沉重　‖ 179

第13章　自我调节，放下压力才能闲适轻松　Ⅱ181

制定合理目标，然后稳步前进　Ⅱ182

自我调节，感受生活的多姿多彩　Ⅱ185

找到工作中的乐趣，让生存与生活同在　Ⅱ187

烦琐家务，也可以更有趣　Ⅱ190

保持热情，是职场不断进取的动力　Ⅱ192

第14章　从容前行，不必追悔过往　Ⅱ195

做错没什么，就怕总是错　Ⅱ196

选择了，就不要害怕承担结果　Ⅱ199

无需追悔，你只管前进　Ⅱ202

过好当下，昨日之事已经过去　Ⅱ205

反省自己，但不必懊悔　Ⅱ207

昨日再惨淡，明天也是崭新的　Ⅱ210

参考文献　Ⅱ213

第1章

分析情绪，了解情绪的一些心理学特点

每一天，我们的情绪都受到身边诸多事情的影响；而每个人对于情绪的控制能力，决定着他的人生。善于控制自己情绪的人，活得充实而自信，每天被快乐包围，成为人群中的佼佼者。反之，那些总是被情绪控制的人，他们常常生活得空虚而窘迫，甚至一蹶不振，最终在平庸中虚度自己的一生。因此，可以说，合理控制了情绪，也就牢牢把握住了自己的生活。生活会被打上什么样的标签，是成功、自信、美满？还是失败、自卑、困顿？一切都源自我们对情绪的控制能力。

解析情绪密码，掌控人生方向

生活中，每个人都有情绪，喜、怒、哀、乐是情绪的常态，我们不可能完全摆脱情绪，我们要做的只是认识到自己的情绪，让自己在情绪的世界里活得更好。的确，人感觉到的，就是所拥有的，人感觉到的越多，所拥有的也就越多。生活告诉我们，拥有好情绪，就是胜利的保证。做人乐观、积极，我们就能朝着胜利的方向迈进。每个人今天的命运状况，或许就是自己昨天情绪的结果。我们任何一个人，只有学会解读人生密码，才能认清人生方向，才能朝着这一方向大步迈进。

的确，情绪对我们的生活和命运具有决定性意义。积极的情绪会引导我们以正确、恰当的方法做人做事，引导我们成功；而相反，在消极情绪的引导下，我们可能会做错事而追悔莫及。实际上，我们都清楚一点，这个世界上，成功者毕竟是少数，成功者潇洒走于世间，失败者颓废不堪，而我们可能忽略的一点是，成功者之所以成功，失败者之所以失败，不仅与他们的能力有一定的关系，更为重要的是，成功者有健康的心态。有时候，你以为成功的大门已经关闭，但若积极进取的话，你会发现，其实一扇窗已经为你打开。

心理启示

在人生道路上，个人能力固然在很大程度上影响着我们前进的步伐和速度，但起到决定性作用的，是自我对于情绪的良好控制力。在这个压力空前的社会，保持健康的情绪，是走上康庄大道的关键。

控制风险和失败，先从控制情绪开始

生活中，我们常有这样的体会：交通拥挤的十字路口红绿灯失控了，整个路面成了汽车的海洋，不耐烦的司机在鸣笛，刺耳的喇叭声充斥于耳，整个交通处于瘫痪状态，如果没有交警的疏导，不知道会拖延到什么时候，造成什么样的后果。同样道理，一旦人的情绪失控，这个世界又会怎样呢？

我们工作与生活的世界本身就是个有条不紊、有规律运行的有机体，只要正常运转，一切都会秩序井然，按部就班。就像一台计算机、一架飞机，如果操作正常，控制良好，就能发挥它们的正常作用。人的情绪也如同一架机器一样，一旦失控，就不能正常运转，最终会导致人们陷入失败的沼泽。

生活中，有些人总是控制不住自己，在不顺心的时候特别容易发怒。实际上，胡乱发脾气根本解决不了任何问题，反而会把事情弄得更糟。

英国著名作家培根曾经这样说过：“愤怒，就像是地雷，碰到任何东西都与其一同毁灭。”如果你不注意培养自己忍耐、心平气和的性情，一旦遇到挫折就暴跳如雷，情绪失控，就会把你的好人缘全都炸毁。

心理启示

情绪到达临界点时，如何浇灭心中的怒火，使自己的理智不被烧毁，是学会控制情绪的一个重要课题。面对别人的指点甚至责难，面对不必要的矛盾与摩擦，为了避免自己的行为带来不良的后果，我们首先要学会闭上嘴巴，握紧拳头。

别忽视小小情绪的影响

生活本身就是由一件件琐碎的小事组成的，这些小事随时都可能影响到我们的心情。的确，我们常常会因为这些非理性的因素而无法控制住自己，产生诸多不良情绪，甚至导致了一些原本不该发生的悲剧。

比如，某次比赛中，按照我们的能力与实力，赢取比赛是毫无疑问的，但赛程中，我们却因为一些小小的干扰因素而影响了心情，坏心情持续放大，以至于影响到了我们的正常发挥，最终导致失败。

生活中，我们经常见到有人发脾气，也经常看到有人因为发了脾气，而把事情搞得一团糟，其中原因不是这个人办事能力不够，更不是这个人缺乏所谓的运气，而是因为这个人1%的坏情绪，导致了最后100%的失败。

生活似乎总是不那么尽如人意，甚至常常会有一些小意外，坏情绪常在不经意间来到我们身边，轻则破坏我们良好的心境，重则破坏人与人的关系，甚至伤害他人，而这种坏情绪也是会传染的，如果我们身处集体或团队，那么，整个团队最终也会被坏情绪包围，最终导致整个团队的失败。

心理启示

大多数失败者并不是因为自己的能力与所谓的“运气”而落败，他们欠缺的，是对自我情绪的掌控力，在败给别人之前，他们先败给了自己的情绪。人的一生是一场很长的旅行，在旅行中，我们如果无法保持健康的情绪，那么将一次次地与成功擦肩而过。

曾经有一位银行家说过："如果某人情绪不稳，甚至怒不可遏，我总觉得对于我自己来说不但没有坏处，还会对我的地位产生帮助。"因此，不要因为别人发怒，你便怒不可遏，要知道那正是你应当平和的时候。

当然，人不可能完全远离情绪，也不能永远那么理智和清醒，但我们在失控前，最好先要想想会产生什么影响，是否会有损于自己的利益，那么你也许就会好好约束自己，控制自己的情绪了。

梳理成长轨迹，管理自身情绪

我们知道，一个人是否成熟的标志就是能否做到控制自己的情绪，比如，孩子们没有社会经验，根本就不知道什么对自己是有利的，什么是有害的，于是，他们高兴了就笑，伤心了就哭，生气了就闹。然而，等他们长大到能对自己所做的事情负责以后，如果仍然不明白如何控制自己的情绪，那么，这个人遭遇的麻烦就会越来越多，他也会经常生活在苦恼里。

弱者任思绪控制行为，强者让行为控制思绪。你必须要知道，在通往成熟的路上，管理情绪可是一个重要关卡。心理学家还说：“人的性格弱点就在于好高骛远，总是向世界提出不切实际的要求。这就是不成熟的表现。”

要是我们总觉得自己不成熟，想立刻有所改善，就必须从现在起，从我们所处的一片混乱的环境中解脱出来，去重新梳理自己走过的路，看清楚功过得失，这样，我们就能做到心平气和，也就自然能管理好自己的情绪了。

要知道，不成熟的人很难感受到这个世界的美好，他们活在自己虚幻的世界里，消极待世。他们已经把自己的幻觉当成了现实，哪怕他们生活的现实很乐观明朗，他们依然有恐惧感。

心理启示

及时调节情绪，消除压力，使自己保持一个稳定乐观的情绪，这件事很难做到吗？一点也不！我们不妨试着花一点时间，认真地梳理一下自己的成长轨迹。当我们真正看清自我内心时，原本处在情绪低谷中的你，便可一跃进入快乐的晴空。

你或许还会有疑问，我怎么才能继续保持这样的情绪呢？这其实就是在问自己：我们怎样才能变得成熟呢？

成熟可以慢慢培养，但不要觉得很简单，想做到成熟可不是一朝一夕的事，要经过很多次的实践，你才能知道自己到底是不是个成熟的人。与此同时，不懂得对实践进行反思的人，是不会有所收获的。

总之，成熟和情绪稳定是关系到你幸福的大事，直接影响到你的身心健康和未来人生的路是否平坦，那么，你会不会觉得，为了这个目标付出多大的努力都值得呢？

第2章

剖析自我，了解和提升自己的情绪掌控力

自我认知在人生道路上，可以说处于十分关键的地位。每个人的行为和表现，取决于他对自我的认识。当他觉得自己对社会、家庭、亲人是有价值的、有贡献的，他会自觉地为社会与家庭作贡献，从而成为一个真正有价值、有贡献的人。而我们对于情绪的认知也是这样。我们只有了解了自己情绪的类型，并准确判定自己的情绪是稳定还是波动，才能把握情绪、利用情绪。

掌控了情绪，也就控制住了局势

情绪是人与生俱来的一种心理反应，如喜、怒、哀、乐，易随情境变化。人在日常生活中免不了会出现好情绪和坏情绪，如果不能很好地调节并保持情绪平稳，势必会陷入痛苦的泥潭之中。因此，我们必须提升自身的情绪掌控能力。

如果你拒绝生气，保持冷静和沉着，那么你就已经掌控了整个局面。可见，一个成熟的人应该有很强的情绪控制能力。无论遇到什么事情，哪怕是违背自己本意的事情，都能控制自己的情绪，不会有过激的言行。唯有如此，才能成就大事，从而达到自己的目标。

那么，我们该如何提升自身的情绪掌控能力呢？以下是专家提的五点建议。

1. 要愿意观察自己的情绪

不要抗拒做这样的事，或认为这是浪费时间的事，要相信，了解自己的情绪是重要的领导能力之一。

2. 要愿意诚实地面对自己的情绪

每个人都可以有情绪，接受这样的事实才能了解内心真正的感觉，更合理地去处理正在发生的状况。

心理启示

身处低谷而不悲观，承受压力而不退缩，能够做到这两点的人，必定是个善于管理情绪的人，也是个能够掌握自己生活的人。他们与人相处和谐而愉快，出现矛盾和摩擦时以其出众的涵养与风度缓和并解决问题，这种人注定是最终获得幸福和成功的人。

3. 问自己四个问题

我现在是什么情绪状态？假如是不良的情绪，原因是什么？这种情绪有什么消极后果？应该如何控制？

4. 给自己和别人应有的情绪空间

给自己和别人都停下来观察自己情绪的时间和空间，这样才不至于在冲动下作出不适当的决定。

5. 替自己找一个安静身心的法门

每个人都有不一样的方法使自己静心，都需要找到一个最适合自己的安心方式。

管理情绪，增加成事的可能性

我们的情绪很复杂，每时每刻都在发生着变化，快乐、激动、悲伤、恐惧、愤怒、忌妒等都可能随时影响我们的心境。这些情绪是正常的人都有的，没有所谓不好的情绪，只是看你从什么角度去分析它，以及是否能将它转换为自己需要的能量。控制情绪不是说没有情绪，而是去了解情绪背后的原因，了解你内心真实的想法，进而转化情绪。

有人说，积极的心态是成功的源泉，是生命的阳光和温暖，而消极的心态是失败的开始，是生命的无形杀手。所以我们一定要重视情绪的力量，察觉每一个情绪背后的意义。因为它可能是死神的召唤，更可能是改变命运之门的钥匙。

1. 要有自己的事业和追求

有了自己的事业和追求，并积极为之奋斗，人就会体验到一种发自内心的满足，进而产生积极的情绪。

2. 换一个角度看事情

很多从表面看令人生气或悲伤的事件，如果换一个角度，用另外一种眼光去看，就会变成正面的、具有积极意义的东西。

心理启示

我们要做的就是为每一个情绪负责，让负面情绪减少、正向情绪增加，从而不断增强运用情绪成事的能力。

3. 积极参与社会交往

社会交往能使人产生积极的情绪体验，积极的情绪体验又会使人们更积极地与人交往，更好地适应环境、应对突发事件，从而形成一个良性循环。

4. 对问题当机立断

犹豫不决会引起不良情绪，损害身心健康。因此不要太过追求完美，宁可偶尔出些小错，也不要为一些问题左思右想。

凡事多思考，提升你的情绪稳定力

我们先来做一套测试题。

1. 你从柜子里拿出昨天刚买的新衣服，再看看，你觉得它怎样？

a. 觉得不称心　　b. 觉得很好　　c. 觉得可以

2. 你是否曾经想过若干年后会发生一些不好的事？

a. 经常想过　　b. 从来没想过　　c. 偶尔想过

3. 你的同事、朋友或者同学是否拿你开涮过？

a. 这是常有的事　　b. 从来没有　　c. 偶尔有过

4. 你已经准备上班去了，但出门前，你是否会担心门窗未关好？

a. 经常如此　　b. 从不如此　　c. 偶尔如此

5. 对于你和你最亲密的人的关系，你满意吗？

a. 不满意　　b. 非常满意　　c. 基本满意

6. 半夜醒来，你经常会有害怕的感觉吗？

a. 经常　　b. 从来没有　　c. 极少有这种情况

7. 你会经常做噩梦，然后惊醒吗？

a. 经常　　b. 从没有　　c. 极少

8. 你是否曾经有多次做同一个梦的情况？

a. 有　　b. 没有　　c. 记不清

9. 有没有一种食物使你吃后呕吐？

a. 有　　b. 没有　　c. 偶尔有

10. 除去看见的世界外，你心里有没有另外一种世界？

a. 有　　b. 没有　　c. 说不清

11. 你心里是否时常觉得你不是现在的父母所生？

a. 时常　　b. 没有　　c. 偶尔有

12. 你是否曾经觉得有一个人爱你或尊重你？

a. 是　　b. 否　　c. 说不清

13. 你是否常常觉得你的家庭对你不好，但是你又确知他们的确对你好？

a. 是　　b. 否　　c. 偶尔

14. 你是否觉得好像没有人理解你？

a. 是　　b. 否　　c. 说不清楚

15. 早晨起床时，你最经常出现的感觉是什么？

a. 秋雨霏霏或枯叶遍地　　b. 秋高气爽或艳阳天　　c. 不清楚

16. 你在高处的时候，是否觉得站不稳？

a. 是　　b. 否　　c. 有时是这样

17. 你平时是否觉得自己很健康？

a. 是　　b. 否　　c. 不清楚

18. 你是否习惯了一回家就把房门关上？

a. 是　　b. 否　　c. 不清楚

19. 你坐在小房间里把门关上后，是否觉得心里不安？

a. 是　　b. 否　　c. 偶尔是

20. 当一件事需要你作出决定时，你是否觉得很难？

a. 是　　b. 否　　c. 偶尔是

21. 你是否常常用抛硬币、玩纸牌、抽签之类的游戏来测吉凶？

a. 是　　b. 否　　c. 偶尔

22. 你是否常常因为碰到东西而跌倒？

a. 是　　b. 否　　c. 偶尔

23. 你是否需用一个多小时才能入睡，或醒得比你希望的早一个小时？

a. 经常这样　　b. 从不这样　　c. 偶尔这样

24. 你是否曾看到、听到或感觉到别人觉察不到的东西？

a. 经常这样　　b. 从不这样　　c. 偶尔这样

25. 你是否觉得自己有某种超能力？

a. 是　　b. 否　　c. 不清楚

26. 你是否曾经因有人跟着你走而心里不安？

a. 是　　b. 否　　c. 不清楚

27. 你是否觉得有人在注意你的言行？

a. 是　　b. 否　　c. 不清楚

28. 当你一个人走夜路时，你是否觉得后面有人跟踪？

a. 是　　b. 否　　c. 不清楚

29. 听到有人自杀了，你有什么想法？

a. 可以理解　　b. 不可思议　　c. 不清楚

以上各题答案，选a得2分，选b得0分，选c得1分。请将你的得分统计一下，算出总分。得分越少，说明你的情绪越佳，反之越差。

总分 0～20分，表明你情绪基本稳定，自信心强，具有较强的美感、道德感和理智感。你有一定的社会活动能力，能理解周围人们的心情，顾全大局。你是个性情爽朗、受人欢迎的人。

总分 21～40分，说明你情绪基本稳定，但较为深沉，对事情的考虑过于冷静，处世淡漠消极，不善于发挥自己的个性。你的自信心受到压抑，办事热情忽高忽低，瞻前顾后，踌躇不前。

总分在41分以上，说明你的情绪极不稳定，日常烦恼太多，心情处于紧张和矛盾中。

如果你得分在50分以上，则是一种危险信号，务必请心理医生进一步诊断。

心理启示

在情绪不稳定时，我们首先要意识到它在波动，然后采取相应的方法，如放松自己，或是控制自己的思维，使自己的情绪稳定下来。稳定的情绪和积极的态度，是我们成功的基石、幸福的保障。

自我检查，看看你属于哪一种情绪类型

情绪是一种生理应激反应，是人在受到外界事物刺激后的复杂心理变化。中国古代有诗歌这样描述："人有悲欢离合，月有阴晴圆缺。此事古难全。"就是说自然界事物有变化，我们的内心世界也有起伏，月亮不会一直圆满，我们的情绪也不会一直良好。

我们日常生活中的活动，在多大程度上受理智的控制，又在多大程度上受情绪的支配？在这方面，人与人之间存在很大差异，这里面气质、性格、情绪、阅历、素养等都起着一定的作用。我们只有认清自己情绪的类型，发挥理性的控制作用，才能实现情绪反应与表现的均衡适度，确保情绪与环境相适应。

心理学家将人的情绪简单分为以下三种类型。

理智型：很少因什么事而激动，表现出很强的克制力；对他人的情绪缺乏反应，感情生活平淡而拘谨，因此常被人说是"冷血动物"。这样的人需要放松自己。

平衡型：情绪基本保持在有感情但不感情用事、克制但不过于冷漠的状态；即使在很恶劣的情绪下握起拳头，也仍能从

冲动情绪中摆脱出来，因此，很少与人争吵；感情生活十分愉快、轻松。

冲动型：非常情绪化，易激动，反应强烈；往往十分随和、热情，或者感情脆弱、多愁善感；可能常会陷入那种短暂的风暴似的感情纠纷中，因此，麻烦百出；别人若想劝他冷静，是件很难的事。这里有必要提醒这类人，一定要克制自己。

那么，我们该如何认识到自己的情绪类型呢？以下几种方法有助于我们了解自己的情绪：

1. 记录法

做一个留意自我情绪的有心人。你可以抽出一至两天或一个星期，有意识地留意并记录自己的情绪变化过程。可以以情绪类型、时间、地点、环境、人物、过程、原因、影响等项目为自己列一个情绪记录表，连续地记录自己的情绪状况。回过头来看看记录，你就会有新的感受。

2. 反思法

你可以利用你的情绪记录表反思自己的情绪，也可以在一段情绪过程之后反思自己的情绪反应是否得当，为什么会有这样的情绪？这种情绪的原因是什么？有什么消极的、负面的影响？今后应该如何消除类似情绪的发生？如何控制类似不良情绪的蔓延？

3. 交谈法

通过与你的家人、上司、下属、朋友等进行诚恳交谈，征求他们对你情绪管理的看法和建议，借助别人的眼光认识自己的情绪状况。

4. 测试法

借助专业的情绪测试软件工具，或是咨询专业人士，获取有关自我情绪认知与管理的方法建议。

第3章

情绪调控，让自己随时保持在最佳状态

生活是多姿多彩的，也是千变万化的，你怎样看待生活，生活便会怎样对待你。在这个五彩斑斓的世界中，我们的看法决定了我们人生的色彩。积极地、不断地调整自己的心态，让自己眼中的世界充满绚丽丰富的色彩，生活才有可能真的变得五光十色。在人生道路上，成功向来只青睐那些善于调节自身情绪的强者。正是他们不畏艰险、笑对沧海的精神，一次次将他们送到成功彼岸。

心境简单，幸福自然来

我们都希望自己拥有一份好心情，拥有好心情才会拥有幸福、美满的人生。然而，在大多数人的观念里，要得到快乐，就要得到财富、地位、事业，要吃得好、穿得好、住得好，以为得到其中任何一种，便得到了人生的幸福。而实际上，快乐是简单的，只要我们有简单的心境。当你需要食物时，你拥有了食物，你就幸福；寒冷的冬天里，一盆炭火带给你的温暖就是幸福。也就是说，快乐并不是某种固定的实体，而是一种精神与物质的统一，更多的是表现在精神体验上。

一天，一只鸡啄来啄去满地寻找食物，它要给自己和孩子寻找可以填饱肚子的东西。突然间，它从一堆废弃的树叶中发现了一颗珍珠，它惋惜地说："如果你的主人找到了你，他会非常高兴地把你捡起来，把你当成宝贵的财富，可我要寻找的是米粒，而不是你，对于我来说，你毫无用处，一文不值啊！世界上所有的珍珠，都不如一颗米粒对我有吸引力。"

幸福不是获得更多的财富与地位，而是得到最适合自己的东西。幸福是可以选择的，我们在选择之前，首先要弄明白自己需要的是什么，得到你所需要的，你就能获得简单的幸福。

心理启示

人的一生可以拥有很多，也可以获得很少，这一切都取决于我们内心的需求与期待。当我们懂得知足，懂得珍惜已经拥有的一切，不再为遥不可及的目标而焦虑、彷徨，这样一颗感恩的心，便会带领我们走进幸福的乐园。

然而，在现实生活中，有一些人，他们随着年龄的增长，各方面的需求不断增加，找工作、买房子、结婚等。为了尽早实现一个个愿望，他们不停地奔波劳碌，在一个又一个目标前奋力冲刺，这成了某些人最习惯的生活方式。纵然实现一个小目标的成就感会让自己得到短暂的喜悦，而第二天一起床，这种感觉很快就会消失得无影无踪。

还有一些人，他们有房、有车，母慈子孝，按理说生活得很好，可为什么他们总是羡慕别人的生活和快乐，而感受不到自己的幸福呢？其实，幸福的本质不在于追求什么，获得什么，而在于珍惜你所拥有的一点一滴，让心懂得享受，学会满足。

德国哲学家叔本华曾说过："我们很少想到自己拥有什么，却总是想着自己还缺少什么！不要感慨你失去或尚未得到的事物，你应该珍惜你已经拥有的一切。"

总之，如果我们在每个清晨都能清爽地醒来，我们就是幸福的人，就应该感恩生命的赐予。

保持心态积极向上，就有了好情绪

生活中，我们都希望自己有个好心情，好心情是生活的甜味剂，带给你无穷的快乐。然而，我们似乎总是听到这样的声音：“我烦死了”　“气死我了”　“这个人真讨厌”等。也可以看到一些人虽一言不发，但神情忧郁、精神恍惚。不用问，他们准是碰上令人气愤或烦恼的事情了。其实我们每一个人都或多或少遇到过一些挫折。对此，一般人都能自觉地调整心态，较好地适应社会。

但也有少数人，由于持有一些不合理的信念，在遇到重大挫折时往往会一蹶不振，严重的甚至不能正常工作学习，给自己和亲戚朋友带来很多麻烦。

“其实人活的就是一种心态。心态调整好了，蹬着三轮车也可以哼小调；心态调整不好，开着宝马一样发牢骚。”这句话生动形象地说明了人的心态的重要性。心态就是人们对待事物的一种态度。每个人的一生都有许多欲望，都希望自己钱挣得多一点，事业顺利一点，官做得大一点，生活过得幸福一点……问题在于人不可能事事顺心，当这些欲望不能得到满足时，我们应该以什么样的心态去面对呢？

心理启示

有人说良好的心态会给人带来更多的好运，这种说法太过绝对。但不可否认的是，当我们保持健康积极的精神面貌时，困难便不再那样沉重，所谓的厄运也会逃之夭夭，好运便如期而至。因此，为了应对未知的人生，我们在平时就要修炼并养成及时调整心态的习惯。

认知绝不是一成不变的，如果我们认为某件事对于我们不利，便会把这种信息送入脑中，结果就产生不利的态度。如果我们主动换个视角，对于原先的那件事，我们便会产生不同的态度。

善用心理暗示，时刻保持最佳情绪状态

生活是千变万化的，悲欢离合，生老病死，天灾人祸，喜怒哀乐，都在所难免。一次考试的失利，一场伙伴的误会，一句过激的话语，都会影响我们的心情，生活中的不顺心事总是很多，这就需要我们每个人学会调节自己的心态。怎样调节呢？最简单有效的做法——用积极的暗示代替消极的暗示。

暗示是生活中最常见的一种特殊心理现象。它是人或周围环境以言语或非言语的方式向个体发出信息，个体无意识地接受了这种信息，从而做出一定的心理或行为反应的一种心理现象。随着研究的深入，人们发现暗示就像一把“双刃剑”，它可以救治一个人，也可以毁掉一个人，关键在于接受心理暗示的个体自身如何运用并把握暗示的意义。

那我们应该如何运用心理暗示，从而调节出最佳状态呢？

1. 暗示语言要精练

暗示是为了调动潜意识的力量。但是，不能用复杂的语言进行描述，因为潜意识不懂得逻辑。应采用“我能行”“我一定能成功”“我会学会的”“我一定能考出好成绩”等简单、精练的语言进行暗示。

2. 采用积极的暗示

面对同样难度的事，有的人对自己充满信心，相信自己“很快就能做到”，有的人则缺乏信心，怀疑自己“根本做不到”。两种不同的心态，结果就会大相径庭。前者属于积极的暗示，即使遭遇失败，也不当一回事，只把做得好的印象深深印在脑子里，结果可能很快就成功了。而后者则属于消极的暗示，往往把失败的印象留在脑海中，这样做起来就费力费神多了。因此，永远不要对自己说：我很笨、我根本学不会、我不可能成功、我麻烦了、我真糟糕、我绝对不行、我肯定会失败、我一定赢不了……消极、负面的字眼会对你产生消极的暗示，导致消极的行为。你应该经常对自己进行积极的暗示，诸如“很快就能学会”“我非常棒”“我一定能赢”，这样会让你产生积极的思维和行为。

3. 用肯定句

我们也许都有这样的经验，骑车时，看到前面有一棵大树，你不断告诫自己：“千万不要撞上去。”这时你可能就真的会撞上去。也就是说，你努力做到“千万不要撞上去”，反而会由于“相悖意象”的法则而遭到失败。正确的想法应该是：“我一定能够绕过去。”这样才能进入你的理想状态。

因此，应把你的暗示性语言“我不会失败”“我不能失败”“我不能考砸了”“我不能生病”“我不能自卑”等改为“我一定会成功的”“我一定能考好”“我很健康”“我很自信”等积极性的语言。

心理启示

心理暗示对于人们产生的影响不可小觑，也正因如此，在平时的工作与生活中，我们应有意识地养成积极暗示的习惯。遇事多对自己说“太好了，还可以补救”“我一定会成功”，当思维方式变得积极后，我们也将变得战无不胜。

并不是缺少美，而是缺少一双善于发现美的眼睛

生活中，很多人活得太累，他们总是抱怨自己生活乏味、不幸福，总是情绪不好，其实，并不是因为他们的生活真的不幸福，而是因为他们总是盯着事物不好的一面。而如果我们能多用美的眼光看问题，那么，我们就能心情愉悦，收获一路的风景。其实，人生的路很长，相信快乐与幸福一直在路上，只等一颗宁静和细致的心去发现。

罗丹说：“这个世界不是缺少美，而是缺少发现美的眼睛。”那些心平气和的人还有一双眼睛，它不是长在脸上，而是长在心中的、心智的眼睛。这双眼睛比自然造化的那双眼睛更为重要。因为从这双眼睛中，人们能看到更为美丽的、细腻的世界。

有位老人非常爱摆弄盆景，所以在栽种盆景上投入了很多时间。

有一天，老人要外出。在临行前，他特意嘱咐儿子：一定要细心地照顾好家里那些他看得跟命一般重要的盆景。

在老人外出期间，儿子很精心地照料着这些盆景。尽管如此，花架上还是有一个盆景在儿子浇水时被不小心碰倒打碎

了。儿子因此非常害怕，准备着等父亲回来后接受处罚。

老人回来后知道了此事，不但没有责备儿子，还说："我栽种盆景是用来欣赏和美化家里环境的，不是为了生气的。"

老人说得好，他不是为了生气才栽种盆景的。盆景的得失，并不影响老人心中的悲喜。气由心生，如果无欲无求，了无牵挂，则气无处生。人不是为了生气而活着的，只有心平气和，才不会愚蠢到去拿别人的错误来惩罚自己啊。

那么，从现在起，我们不妨多用"美"的眼光看问题，为生活中的"小幸福"而欢呼，这样我们眼里的一切都将是美好的：当清晨醒来，你便不会再为忙不完的工作而烦恼，而是看到晨曦斜照，小鸟鸣啾，你呼吸到的每一口空气都是那么的清新；在一场缥缈的秋雨之后，站在宽大的窗前，你感受到的也并不再是凉意，而会看到晶莹的雨珠从树枝上滑落，雨洗后的草坪愈加葱郁和青翠，孩子们快乐地在上面嬉戏、打闹，你也能感觉到生活的惬意与美好。的确，幸福常常是如此简单，简单到来自一句话、一首诗、一个清晨、一个问候、一个场景。简单到我们日常生活中的点点滴滴，都无不蕴藏着幸福。

总之，我们若想忘掉不快，得到幸福，就要学会用美的眼睛看待问题，发现生活中细腻的幸福，生活越简单，幸福快乐越多。 我们需求的东西越少，得到的自由就越多。多一分舒畅，少一分焦虑；多一分真实，少一分虚假；多一分快乐，少一分悲苦，这就是简单生活所追求的终极目标。

心理启示

生活的幸与不幸，全在于我们自己的感受；而我们的感受，首先来自看待事情的角度。懂得生活的人会在磨难中看见美好，在黑暗中看见光明。当我们的眼界不再局限于事物的表面和一时的得与失、进与退时，我们所感受到的，便是最美丽的世界。

假装快乐，你就真的会获得快乐

曾经有报道说，一些内向的人采取了一种训练笑容的方法：他们会每天利用半个小时的时间，将一支筷子横着咬在嘴里，固定好脸部表情后，将筷子取出。此时人的脸部基本维持笑容的状态，再发出声音，就像是在笑了。

这种看似荒谬的做法却是有科学依据的。心理学家普遍认为，除非人们能改变自己的情绪，否则行为通常不会改变。其实，我们在生活中都有这样的体会，当孩子哭泣时，我们会逗他们说："笑一笑呀！"结果孩子勉强地笑了笑之后，跟着就真的开心起来了，这就很好地说明了行为的改变将导致情绪改变。

美国著名教育家卡耐基提出："假如你'假装'对工作感兴趣，这态度往往就使你的兴趣变成真的。这种态度还能减少疲劳、紧张和忧虑。"

在我们的思维里，总是认为情绪会导致行为，实际上，我们也可以反过来思考，我们的行为也会导致情绪，比如，我们悲伤时会哭泣，但我们哭泣的话，也会引发悲伤的情绪。心理学家提出了一个"假喜真干"的概念，意思就是，你假装自己喜欢做某件事，或从事某件工作，那么，你会真的喜欢起来。

心理启示

烦恼时假装微笑，并不是一件很难的事。然而，就是这种“假装”，便能够引领我们走出心灵的困境。当情绪影响着人们的行为时，行为也在改变着人们的情绪。面对困难或烦恼，我们不妨多笑一笑，一张笑脸能感染别人，更能鼓舞自己。

那么，我们该如何“伪装”出好心情呢？

最常见的一个办法是，当你生气的时候，可以找一面镜子，对着镜子努力做出笑容来，持续几分钟之后，你的心情就会变得好起来。这种方法叫作“假笑疗法”。

实验证明，这种方法很有效果。每天早上，如果你能先假笑，那么，接下来的一整天，你都会有好心情。

第4章

眼明心亮，运用心理策略洞悉他人情绪

身为社会人，我们每一天都要和不同的人相处、交流。在与他人的交际中，善于“察言观色”的人，往往更容易与他人进行良好的沟通。因为他能够体会对方的心情，所以能够判定怎样的语言和行为方式可以令对方相对舒适或愉悦，而不至于排斥或抵制双方的交流。大多数人的心理状态，往往会通过他的表情、语言或肢体动作表现出来。有些人十分善于克制自己，喜怒不形于色，但有时也会因为一些不经意的动作，暴露自己的心情。因此，在人际交往中，学会察言观色、随机应变，是一项十分重要的技能。

从眼神读懂他人的内心世界

俗话说，眼睛是心灵的窗户，春秋战国时期，孟子对眼睛作过精辟的阐述：“存乎人者，莫良于眸子。眸子不能掩其恶：胸中正，则眸子瞭焉；胸中不正，则眸子眊焉。”说明眼睛是判断人心善恶的基准，这就是眼神的作用，一个人说话的真假可以从他的眼神辨别，一个人的善良与否，也可以从他的眼神辨别。同样，我们还可以通过观察他人的眼神了解其内心波动。

曾经有个叫詹姆士的建筑家，他发明了一种可以防止偷盗行为的方法，那就是画一幅皱着眉头的眼睛抽象画，镶于大透明板上，然后悬挂在几家商店前。果不其然，那段时间，店铺的偷盗案件迅速减少，当有人问他原因时，他说：“我画的虽然并不是真正的眼睛，但对那些做贼心虚的人来说，却构成了威胁，极力想避开该视线，以免有被盯梢的感觉，因此，他们便不敢进商店内，即使走进商店里，也不敢行窃了。”

这就是眼神的力量，那些小偷看见的虽然是假的眼睛，可是能引起心虚的感觉，这种心理作用让他们不敢再偷盗了。

我们在与人交往的过程中，也可以通过观察别人的眼神来洞察他的内心世界，比如，开心的眼睛透露的是水亮有神，笑容灿烂；尊敬的眼睛表明他有点害怕，笑容勉强；爱慕的眼睛是迷蒙、腼腆的；困扰的眼睛深邃无神，若有所思，眉头紧锁。

具体说来，我们可以从不同方面来看：

（1）一直盯着你看的话，他心中可能有隐情；

（2）在言谈中，假如他一直注视你，表示他想引起你对所谈内容的注意；

（3）初次见面时，他的眼光若主动离开你的视线，说明他处于相对优势地位；

（4）假如你注视他，他立刻离开你的视线，一般是因为他有自卑感或缺陷；

（5）假如你们是异性，当你们互看一眼后，他随即故意移开视线，表示他对你有着强烈的兴趣；

（6）假如他斜眼看你，表示他对你非常有兴趣，但又不想让你识破；

（7）若是他翻眼看你，表示对你存有尊敬与信赖；

（8）俯视你，他是想显示对你的一种威严。

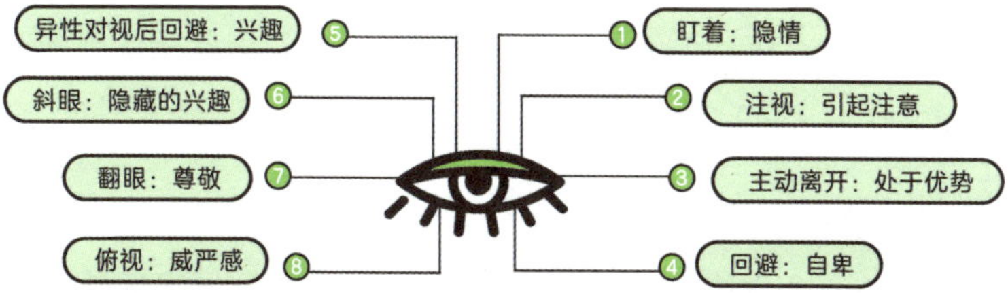

从对方语气中感受其情绪

生活中，人们常说“祸从口出”，所有的祸端来自语言，但从这句话中，我们还能想到，要想看清别人，可以从对方的语言着手。一个人的心情如何，通常都体现在语气中。

语言是内在最好的表现，是表达心声的最佳武器，而语气则具有隐性的特点，因此，我们在与人交际的过程中，就要学会观察对方的语气，假如一个人说话高高在上，那么他必定是个得意之人，面对这样的人，你需要小心说话，以免滋生事端；假如他说话轻声细语，那么他就是个性格温柔之人，但也可能绵里藏刀，这样的人你更要提防；也有一些人说话大声爽朗，他们的性格和他们的声音一样开朗大方；而更有一些人，他们说话诚恳，不矫揉造作，这样的人，谦虚、平易近人，更容易获得别人的诚心相待。

一般说来，一个人的感情或意见，都在说话语气里表现得清清楚楚，只要仔细揣摩，即使是弦外之音也能从说话的帘幕下逐渐透露出来。

1. 留意语速变化，就抓住了他人的内心变化

如果一个人平常说话慢慢悠悠、从不着急，却突然加快

语速，那么很可能对方说了一些对他十分不利或是无端诽谤的话，语速的加快表达了他内心的不满、着急和委屈；而相反，如果语速减慢的话，则很可能是对方触及了他的一些短处、弱点甚至是错误，要不就是他有事瞒着对方。语速的减慢反映了他底气不足、心虚、卑怯的内心状态。

2. 声调的提高，并不一定是有理

音调的变化、语气的改变能体现一个人内心的动荡，反映出个人真实的一面。理直才能气壮，为了引起你的重视，他往往会提高声调。对此，你可以这样说："是的，我也认为……"

3. 沉默寡言的人变得健谈，是因为心里有"鬼"

突然由沉默变得健谈的人，往往是刚被提到了一些自己不愿意别人提及的事情，也就是心里有"鬼"。对此，我们要识趣，我们可以这样说："对了，我想起一个问题……"这样就能顺利把话题引开，把对方的思维引向别处。

懂得观察对方情绪的波动，我们才能对症下药，采取主动的说话方式。

心理启示

在与他人交往时，我们常常能够通过这个人的语气来判断他此时的情绪或心理状态。只要我们仔细观察，合理判断，便能够在沟通时取得事半功倍的效果。

积极的情绪影响，帮助他人重新振作起来

一些场合中，当大家兴高采烈地聚在一起时，我们发现，似乎总有一两个朋友心情不好，他们坐在角落里一言不发，此时，你该怎么办？是继续和其他朋友交流，还是强行把这个朋友拉进大家的活动中？这两种方法似乎都不太妥当。正确的方法是走近这个“不和谐因素”，然后了解其情绪，帮助其调节情绪，从而让其主动走入人群。

心理专家说：“每个人一定都劝慰过别人，而且大部分人都还认为自己的劝慰方法并没有错。但事实并非如此。”比如，有的人这样劝慰失去丈夫的妇女：“我知道，你的爱人死了，没关系，失去了丈夫以后还可以再找。”这样的劝慰方式只会让被劝慰者更加烦闷，不再表露任何情绪。

那么，我们该如何帮助朋友调节情绪呢？

1. 不要急于追问

在对方无法清楚地表达自己的困难时，我们不要急于追问，而是应尽量通过语言给予对方积极的心理暗示，比如“我虽然不知道发生了什么，但我真的很关心你”，给对方传递“尊重对方的伤痛，但随时准备帮助他”这样的信息。

心理启示

人生不会是一帆风顺的。我们的身边，也常常有备受挫折的亲友。当我们尝试去劝慰他们的时候，不能想当然，这样往往适得其反，有时甚至会导致两人之间出现罅隙。掌握适当的方法，有效地帮助他人调节情绪后，才能成功地令其重新融入周围的环境。

正确行为：我关心你

✓

错误行为：有什么大不了的

✗

2. 当他恢复平静后，鼓励他重新与人交流

你可以让他回顾自己的成功体验，假如你知道他以前唱歌比较好，你可以说："听说你以前唱歌大受好评……你当时是什么感受？"让他回忆过去，使他觉得自己还是很优秀的，帮助他重新树立起自信心。

给予正确的情绪引导，培养出色的孩子

身为成人，我们都知道，好心情有助于激发我们的潜能，更有利于我们的工作、学习。同样，孩子也是如此。作为家长的我们，需要记住，帮助孩子保持好心情，孩子表现更出色。孩子很小的时候就会有自己的情绪，得到东西高兴，失去了就伤心，做家长的要合理引导，让孩子把情绪发泄出来。平时多与孩子沟通，分享他的快乐和不快乐。

那么，家长如何进行合理引导呢？

1. 停止对孩子不切实际的期望

无论何时，父母都是孩子的天，如果孩子感受到自己让父母失望了，那么，这就是毁灭性的心理打击。

因此，作为父母，无论你的孩子学习成绩如何，无论你的孩子是否有特长等，你都要调整好心态，为孩子的成长与进步而高兴、骄傲。

父母要做的是“纵向比较”，比如，如果你的孩子这次的学习测验比上次好，你就要奖励孩子，鼓励孩子。但横向比较，也就是拿自己的孩子和其他孩子比较，这永远都是要不得的，因为不切实际的期望会严重打击孩子的自尊心。

心理启示

孩子在心智等方面与成人可谓有着天壤之别，尤其是处于青春期的孩子，他们敏感而冲动，面对小事不知如何处理，情绪来了也不知如何发泄，这个时候，家长需要给出及时的、合理的帮助，才能帮助孩子走出困扰，在成长过程中保持稳定、平和的心情。

2. 让孩子有一个畅通的情绪宣泄渠道

青春期的孩子是脆弱的、敏感的、容易受伤的，即使是男孩，也会悲伤沮丧，此时，你要让孩子尽情宣泄，就让他去哭个涕泪滂沱，而不是劝孩子“别哭别哭”“男孩子不能哭”这样的话。告诉孩子：“我知道你很难过。”或者什么都别说也好，给孩子独处的空间和时间去消化自己的情绪。

3. “事件”结束后，帮助孩子正确梳理情绪

等“事件”结束，孩子心情基本平定之后，再帮助其做自我反省，就能较理性客观地看待分析；反省的另一层意义是，再一次经历当时的情绪波动，但脱离了“现场”，那么情绪压力在释放的同时也得到了缓解。

第5章

情绪转移，如何将坏情绪从内心释放出去

没有一帆风顺的人生，只有懂得掌握风向的人。在一生中，好情绪和坏情绪都是我们的密友，如影随形。当我们身处困境，被不良情绪缠绕时，向他人发泄不可取，自己强咽又伤心伤身。这个时候，我们便需要有意识地去做一些别的事，来将内心的痛苦宣泄出去。如运动、听音乐、看电影、读书等，这些活动不仅可以转移我们的注意力，还可以缓解情绪，令自己不再沉沦于坏情绪中。

转移注意力，别将注意力一直放在坏情绪上

生活中我们难免会遇到一些不顺心的事情，不快的情绪如果没有及时得到排解，将会有害身心健康。但是，假如我们凡是遇上不顺心的事情，就将自己不快的情绪发泄到家人或朋友身上，又会伤害身边最亲近的人，甚至影响家庭或同事间的和睦关系。其实，当出现不良情绪时，可以将注意力转移到其他活动上去，忘我地去干一件自己喜欢干的事，如练习书法、打球、上网等，从而使不良情绪通过这些爱好得到宣泄。

那么，生活中的我们，又该如何转移注意力呢？

1. 倾诉

倾诉可取得内心感情与外界刺激的平衡，当遇到不幸、烦恼和不顺心的事之后，切勿忧郁压抑，把心事深埋心底，而应将这些烦恼向你信赖、头脑冷静、善解人意的人倾诉，自言自语也行，甚至对身边的动物讲也行。

2. 读书

读感兴趣的书，读使人轻松愉快的书，读时漫不经心，随便翻翻。但一本好书能让你爱不释手，也能让你把尘世间的一切烦恼都抛到脑后。

心理启示

当我们受到不良情绪的困扰时，有很多种方法能够帮助我们转移注意力，缓解情绪，让我们不再需要压抑自己。强烈的情绪就像洪水，一味地压抑只会让它更加危险，一旦爆发便不可收拾。利用各种方法合理疏导情绪，令其得到释放，我们才能在人生路上轻装上阵。

3. 求雅趣

雅趣包括下棋、书法、绘画、钓鱼等。从事你喜欢的活动时，不平衡的心理自然会逐渐得到平衡。“不管面临何等目前的烦恼和未来的威胁，一旦画面开始展开，大脑中便没有它们的立足之地了。它们隐退到阴影黑暗中去了，人的全部注意力都集中到了工作上面。”

4. 做好事

做好事，获得快乐，平衡心理。做好事，内心得到安慰，感到踏实；别人做出反应，自己得到鼓励，心情愉快。从自己做起，与人为善，这样才会有朋友。在别人需要帮助时，伸出你的手，施一份关心给人。仁慈是最好的品质，你不可能去爱每一个人，但你可以尽可能和每个人友好相处。

多做深呼吸，让你的情绪稳定下来

生活中，我们总会遇到一些影响我们情绪的事，我们平静的心会被扰乱，我们或开心、或悲伤、或愤怒，但这些激动的情绪若不进行排解，就会产生一个“情绪链”，也就是人们经常提起的“踢猫效应”，而我们就是这个连锁反应的罪魁祸首。激动引发激动，我们在心情激动前，不妨先深呼吸一下，让自己冷静下来，那么，便能远离冲动，抑制激动。

其实，激动本身并没有任何破坏性，但在激动的情况下，人们会做出失去理智的事，它给人带来的负面影响可能远远大于我们的想象。

人们在遇到一些或悲或喜的事情时，都会激动，并且很难一下子冷静下来，所以当你察觉到自己的情绪非常激动，眼看就要控制不住时，可以及时转移注意力以自我放松，鼓励自己克制冲动的情绪，对此，我们可以尝试一下深呼吸的方法。

在深呼吸后，你可以通过自我暗示来平息情绪。比如，当你遇到有人超车时，你能对自己说：“这个人大概有什么急事吧。”那么，你就不至于会发火了。事实证明，“重新判断”的确是一种极为有效的控制不良情绪的方法。

心理启示

不论遇到什么事，我们都需要冷静对待。过度悲愤或喜悦对身心都是有害的，忘情地发泄也会给自己和他人带来不良影响。当大喜大悲的事情降临在眼前，当大起大落的人生不停振荡，“深呼吸”是一剂良药，它可以帮助我们缓和情绪，在冲动行动之前先冷静下来。

最后还有一点，就是在我们控制住冲动的情绪后，还要重新思考，努力打开心结，思考为什么会有冲动的情绪，为什么自己不能从一开始就看开点，为什么不能很好地控制情绪，这样才能从源头遏制冲动。

积极调整，挣脱坏情绪的枷锁

情绪，是一把双刃剑。当情绪被我们牢牢地掌握时，情绪就成为被我们驯服的奴隶，我们便随时可以让坏情绪远离我们。无论顺境逆境、成功失败、得意失意，我们始终能保持冷静的头脑从容面对，泰然处之，体现修养和品质。但当情绪占据了我们的生命而挥之不去时，我们便沦为了情绪的奴隶。此时，坏情绪可能使我们变得盲目、冲动、急躁、易怒，生活的常规被改变，人生的帆船在飘摇，于是失落、伤感、沮丧、绝望接踵而至，甚至歇斯底里，我们最终被情绪逼进了死胡同。其实，谁都有坏情绪，面对坏情绪，我们可以使用转移法进行自我调节。

人最大的敌人永远是自己，坏情绪就像弹簧，假如你的勇气一次又一次地后退，坏情绪就会一次又一次地前进，直到最后占据你心灵的高地，全盘操纵你的一切，你的正义、勇敢、上进、积极、坚毅的品格全都遭受最无情的蹂躏和践踏。

所以，我们不但要控制坏情绪，还要学会转移情绪，当我们被坏情绪所困扰，又不能对他人发泄的时候，不妨尝试自我调节和放松。

心理启示

坏情绪不仅是个人健康的死敌，更是人际交往中的“杀手”。人生在世，难免受到七情六欲的影响。当我们被不良情绪所困扰时，应学会用其他的行为来转移注意力，从而达到缓解情绪的目的。

心理学家认为，“在发生情绪反应时，大脑中会产生一个较强的兴奋灶，此时，如果另外建立一个或几个新的兴奋灶，便可抵消或冲淡原来的优势中心。”当我们因为某件不顺心的

事情烦躁、暴怒的时候，可以有意识地做点别的事情来分散注意力，缓解情绪。如听音乐、散步、打球、看电影、骑自行车等活动，都有利于缓解不良的情绪。

亲近大自然，为身心寻找一片净土

身处于世，我们难免因为尘世中的琐碎事件而心情不佳，烦恼不断增多，日积月累，我们心灵的垃圾就会堆积起来，这对于我们的身心健康是极为不利的。因此，现代城市人寻求到了一种释放压力、忘却烦恼的方法——走进大自然。大自然的奇山秀水常能震撼人的心灵。登上高山，会顿感心胸开阔。放眼大海，会有超脱之感。走进森林，就会觉得一切都那么清新。

曾经有个男青年，他与相恋两年的女友分手了。男青年十分钟情于女友，分手之后的一段时间，他茶饭不思，夜不能寐，十分痛苦，身体也逐渐大不如从前。爱恨交织之下，他居然萌生了报复她的念头。

男青年的一帮朋友看在眼里，急在心上，生怕男青年出事。后来，他们想到一个方法——多带男青年出门走走。于是，他们周末带他走进大山大河，投入大自然的怀抱。他们寄情于山水之中，并用许多事实和道理开导他，让他学会忘却。山的博大胸襟，天的容纳气度，水的坚韧品质，朋友们清泉般穿透心田的良言，终于让他明白了许多。

心理启示

无数的实践证明，走进大自然，可以使人们身心愉悦，摆脱不良情绪的困扰。当心灵得到净化，再重新去看眼前那些不顺遂的事，再大的困扰也会变得云淡风轻。

的确，当我们心理不平衡、有苦恼时，应到大自然中去。山区或海滨周围的空气中含有较多的负离子。负离子是人和动物生存必要的物质。空气中的负离子越多，人体的器官和组织所得到的氧气就越充足，新陈代谢机能便越旺盛，从而使神经体液的调节功能越强，越有利于促进机体的健康。越健康，心理就越容易平静。

大自然会让人感到亲切。人类是在大自然当中生存发展的，人类本能地对自然界有种亲切感，而大自然的节律也会有利于人类的发展。

现代人虽然远离大自然，但是本能和遗传的作用还是让人能感到大自然的亲切，这种亲切感会让人倍感放松。

我们应掌握两点与大自然亲近的诀窍：

首先，一旦走入大自然，就要全身心地投入其中。比如，到草地上躺躺，到大树下睡一觉，将脚放到流淌的清泉里，还可以钓鱼、赏花，或者只是呼吸品味大自然中的气息……

其次，出去时最好带上自己信任的人，如家人和好朋友。一边在美丽的风光中游览，一边和身边的人聊聊心事。这样会收到意想不到的减压效果，可能感觉自己像换了一个人似的。

有条件的话，最好到真正的大自然当中，比如郊区。如不具备条件，可考虑到城市公园等人造的自然风光中去，当然效果会打些折扣。在走入大自然之前，可能还得考虑时间、金钱等问题，但在多数情况下，这一切都是值得的。

遗忘，有时是一种幸福

人生在世，难免会遇到一些不顺心的事，比如挫折、失败和痛苦。但如果我们把痛苦埋在心里，长此以往，一个人就会深陷意志消弭的泥潭而不能自拔，跌进精神萎靡的深渊而不能解脱。因此，要远离痛苦演绎的“悲惨世界”，就要找到一剂“止痛”的良方，这剂良方就是忘却。

忘却也是保持心理平衡的好办法。忘记烦恼、忘记忧愁、忘记苦涩、忘记失意、忘记昨天、忘记自己、忘记他人对你的伤害、忘记朋友对你的背叛、忘记脆弱的情怀、忘记曾经的耻辱……这样你便可乐观豁达起来。

的确，很多时候，人们都是在为过去所累，过去的冤怨，过去的争吵，过去的误解，过去的情感，包括过去的辉煌与荣耀。其实那些，不过都只是飞过头顶的一片云飘过眼前，便云消雾散。懂得忘记不快的人是豁达的、成熟的、美丽的。因为忘却就是一种豁达，一种千帆过后的沧桑沉淀。世事无常，命运颠沛，生活还是无谓地继续着，去糟入鲜，除旧迎新，遗忘一些过往之后，体内的血液会更新鲜地涌动！

忘却也是一种成熟，一种阅尽繁华之后的淡泊。在每一个无人的夜晚，梳理思绪，不要再有目光穿透伤悲，活在当下，更真实地拥抱自己！

忘却也是一种美丽，刻意地遗忘相对来讲是困难而苦累的。但只要你想抛弃那包袱，就没有不可能的。而无意地遗忘，是一种水到渠成的过程，但也体现了人生的练达旷意。

既然这样，我们就要学会善于淡化烦恼，忘记烦恼，那么，如何才能淡化和排解烦恼呢？你可以试试以下方法：

1. 逆向思维比较法

比如，发生了重大的车祸，死伤多人，皆为不幸。未伤者受惊，轻伤者轻痛，重伤者重痛，死亡者惨痛，由前往后比，虽是不幸，但又是大幸。

2. 把一切交给时间

时间是淡化、忘却痛苦的最好利器。遇到烦恼之事，倘若你主动从时间的角度来考虑，心中对此烦恼之事的感受程度可能就会大大减轻。受了上级的当众批评，面子很过不去，心里难以承受，不妨试想一下，三天后、一星期后甚至一个月后，谁还会把这件事当回事，何不提前享用这段时间的益处呢？

3. 忘却不是逃避

勇于承认现实，坦然面对现实，对任何既成事实的过失以及灾祸不必过多地烦恼和后悔，也不必因此而不休地责备自己或他人，而应把思想和精力放在努力弥补过失、最大程度地减少损失方面。

心理启示

人的一生辗转曲折，谁都不是一帆风顺的。选择忘却，是为了丢掉包袱，更加轻松愉快地前行。当我们学会适当地抛弃那些本心之外的附属品，简单的生活会令我们更接近幸福的真谛。

当然，忘却不快，不是简单地抹去和背叛过去，而是把往昔的痛苦与烦恼沉淀于心底，从而更好地主宰自己的命运，把握未来。学会遗忘，走出烦恼泥潭，便会倍感生命的可贵、生活的绚丽，从而让生命更富有朝气和力量。

第6章

把控情绪，让积极的情绪感染他人

在人际交往中，情绪像一种氛围，感染着每一个人；而坏情绪更像是一种“疾病”，彼此之间很容易“传染”。在与他人的交流过程中，我们首先要做到的，是把握好自己的情绪，既要避免自己出现不良情绪影响他人，也要防止自己被他人的不良情绪所传染。如何保持积极心态，避免被不良情绪传染，是考验我们心智的一项重要内容。只有当我们能够把握好自己的情绪时，才能给别人带去欢乐。一个积极向上、整日沐浴在阳光里的人，是具有巨大人格魅力的人，也是大家都十分欢迎、喜爱的人。

心胸宽广，包容他人的小情绪

美国夏威夷大学的心理学系教授埃莱妮·哈特菲尔德及她的同事经过研究发现，包括喜怒哀乐在内的所有情绪都可以在极短的时间内从一个人身上“感染”给另一个人，这种感染速度极快，只要一眨眼的工夫，而当事人也许并未察觉到这种情绪的蔓延。我们会有这样的体会：如果哪一段时间，你的领导心情不错，你的同事们都会被感染，大家的默契程度会提高，做起工作来也更得心应手；如果哪一天，领导情绪低落，则大家都不敢说话，工作积极性不高，工作效率也会受到情绪的影响。当然，情绪的传染不仅仅在上下级之间如此明显，实际上，关系越密切、越熟悉的人之间，情绪的感染就会越明显。

生活中，当我们的亲人、朋友、同事情绪低落时，我们难免也会有所触动，并希望自己能安慰对方。但无论如何，我们都不要被对方的消极情绪感染。

要做到不受感染，我们需要先做到以下两点。

1. 完善自己的个性

人的个性里，有很多消极因素，比如自私、骄傲、爱面子等，都容易形成一些负面情绪。

心理启示

世上没有无缘无故的坏心情，当我们遇到满面愁容或是怒气的人时，应该学会体谅和包容，用一定的技巧与之沟通，同时也要避免被他人的不良情绪裹挟，受到传染。

心理学的研究显示，那些心直口快、心里藏不住秘密的人更容易把自己的情绪感染给他人，因为他们表达情绪的能力更强，另外，内心较为脆弱的人则更容易接收他人的情绪。因此，我们若想不被他人的负面情绪左右，就要首先完善自己

的个性，当你变得宽容、大度、善良的时候，自然会心胸开阔起来。

2. 有足够的爱心和耐心

任何负面的消极情绪，一旦遇到了爱，就如冰雪遇到了阳光，很容易就消融了。如果你想体会对方的心情，就要学会用爱心和耐心去关怀对方，让对方打开心扉。

始终有主见，你的情绪不可被他人掌控

生活中，我们都有这样的体会：原本我们心情很好，但当被老板训了的同事走进来，怒气冲冲地对所有人说：“谁都别惹我，我今天心情不好”时，你的心情是不是也跟着陷入了低谷？的确，我们的情绪无时无刻不受别人影响，同时也影响着别人。

其实，有时候，我们周围发生的事，和我们并无多大关系，不要让别人的言行激起你的负面情绪。比如，当你逛街时，本来心情很好，但却看到有人在街上谩骂，你马上就感到他是在骂你，或是认为他不应该这样做，就也跟着掺和进去，跟他对骂，结果心情变得很糟。又比如，你穿了一件漂亮的衣服去上班，有同事看到了不仅没称赞你的衣服漂亮，还说你看起来“更胖”，你的心情马上会大打折扣。

因此，我们在生活中，应该懂得自己掌握情绪，既不要让别人的坏情绪影响到自己，也不要让自己的坏情绪影响他人；同时，要把自己快乐、积极的情绪传递给他人。因为每个人都希望自己是快乐的，当你的积极情绪传递给他人的时候，必然会被他人所接受。快乐就是一种积极的情绪，是对工作认真，对生活热爱，对美好情感的相信。

心理启示

个人情绪的好坏，首先影响的是自己，其次便是周围的人。当我们深陷于不良情绪的困扰时，不仅自己身心受挫、苦不堪言，有时还会影响到他人。因此，努力提升自己的情绪智慧和心理素质，做到既不影响他人，也不受他人影响，是十分必要的。

面对他人的干扰，主动屏蔽

生活中，你是否经历过以下场景：下班后，你需要留下来赶点工作，但同时又是你竞争者的同事却一直在给你打电话，约你去喝一杯。你怎么办？你是继续加班还是经不住他的诱惑？如果你选择后者，那么，这可能说明你是个容易被他人影响的人。

那么，如何避免这一问题呢？你应该询问自己的是，他为什么要这样做？他有什么目的？这样一想，你就能分析出利弊得失，也自然能经受住他人的影响。

的确，人世间有太多会扰乱我们心绪的因素，对此，我们要懂得调节，才能避免他人的有意干扰，为此，我们需要注意以下八点。

第一，静下心来。要学会独处，然后去思考，把自己的心放空，这样，你每天都会以全新的心态和精神面貌去生活、工作。同时，你需要降低对事物的欲望，淡然一点，你会获得更多的机会。

第二，学会关爱自己，爱自己才能爱他人。多帮助他人，善待自己，也是让自己宁静下来的一种方式。

第三，心情烦躁时，多做一些安静的事，比如，喝一杯白开水，听一曲舒缓的轻音乐，闭眼，回味身边的人与事，对新的未来可以慢慢地梳理，既是一种休息，也是一种冷静的前进思考。

第四，和自己比较，不与别人争。你没有必要嫉妒别人，也没必要羡慕别人。你要相信，只要你去做，你也可以的，要为自己的每一次进步而开心。

第五，在任何条件下，自己都不能看不起自己。

第六，不要怕工作中的缺点和失误。成就总是在经历风险和失误的自然过程中才获得的，懂得这一事实，不仅能确保你自己的心理平衡，而且能使你更快地向目标挺进。

第七，不要对他人抱有过高期望。百般挑剔，希望别人的语言和行动都要符合自己的心愿，投自己所好，是不可能的，那只会自寻烦恼。

第八，学会忍耐，用自己的智慧改变现有的状态。你需要把目光放长远，多一些忍耐，忍耐别人的讥讽；多一些忍耐，忍耐身体的疲惫；多一些忍耐，忍耐成功前较少的收获。需要忍耐的太多，但是只要能够看到成功的到来，任何忍耐都是值得的。

总之，每天保持一份乐观的心态。如果遇到烦心事，要学会哄自己开心，让自己坚强自信，只有保持良好的心态，才能让自己心情愉快！

心理启示

我们身处这个纷繁复杂的社会，难免受到某些人各种各样的干扰。这个时候，我们需要做的就是冷静判断，然后果断回避。这并不是逃避、软弱、不近人情的表现，而是一种自信、有主见的行为。当我们能够做到远离干扰、坚持做自己时，便已经成功了一半。

宠辱不惊，闲适自由

生活中，世事难料，因为任何事情都有一个变化发展的过程，此刻你不如意并不代表你一生不幸，人生充满得失，此时你满面春风并不代表你一生顺利，虽然我们不能掌握变化无常的事态，但我们可以掌控自己的心态。“不以物喜，不以己悲”这种淡定通达的心态，正是现代人要追求的。这不仅是一种良好的心态，更是保持个性独立、不被坏情绪感染的重要体现。

但生活中，我们是否能做到既不以福喜，也不以祸忧呢？答案是否定的，人都是情绪化的动物，一些人一遇到悲伤之事，便萎靡不振；在竞争中获胜，便高兴不已，甚至得意忘形。显然，大喜大悲并不是一种好的处世心态。

因此，无论遇到什么事，我们都不要迷于单向度的追求，而是要了解相依转换的道理，然后调整心态，走上自立自足的生活。祸福本身就是转换的，因此，不管你现在得到了什么，失去了什么，都不要纠结于一时，心态是自己选择的，祸会转化为福，福也会转化为祸，何不敞开心扉，淡定一点呢？

心理启示

老子云：“祸兮福之所倚，福兮祸之所伏。”先人的智慧值得我们认真去品悟参详。成功失败，悲欢喜乐，一时的得失并不能决定我们的一生。无论在哪个时代，什么样的社会，人们都需要放宽眼界，打破时空的界限去观察问题、思考问题。

保持情绪稳定，成为心境平和的人

人们常说：“人都是情绪化的动物。”我们不可能毫无情绪地生活，但我们可以调整自己的心态，让自己的情绪稳定。这样，无论得失，我们都能以坦然的心态面对。要知道，大喜大悲不是为人处世应有的心态。

科学研究表明，“入静状态”能使那些由于过度紧张、兴奋引起的脑细胞机能紊乱得以恢复正常。你若处于惊慌失措、心烦意乱的状态，就不可能理性地思考问题，因为任何恐慌都会使歪曲的事实和虚构的想象乘虚而入，使你无法根据情况作出正确判断。

以下五点是如何保持情绪稳定以便迅速进入“入静状态”的方法。

（1）放松肌肉，做一些可以使你轻松愉快的事。当你平静下来，再看不幸和烦恼的事时，你也许会觉得它们实际上并没有什么大不了的。

（2）驱除令你忧伤和烦恼的所有言行，保持你在遭受不幸和烦恼前的生活、学习和工作秩序。要记住：你的感觉和想象并不是事实的全部，实际情形往往要比你想象的好得多。

心理启示

“不以物喜，不以己悲”，不仅是一种胸怀和涵养，更是一种智慧。人生在世，我们时而欢乐，时而忧愁，只有不断调整自己的心态，使情绪保持稳定，才能时刻拥有一个冷静的头脑。

（3）人所陷入的困境往往来源于自身，因此，对自己和现实要有一个全面正确的认识，这是面对突变能够保持情绪稳定的前提之一。

（4）当你被暴力、恐惧、嫉妒、怨恨等失常情绪包围时，除了要压制它们之外，更重要的是千万不能感情用事，随意作出决定。

（5）当你处于困境时，要多想想别人，既然别人能渡过难关，自己为什么不能调动潜能去应付突变呢？

第7章

堵不如疏，要及时将坏情绪从内心释放出去

现代社会，人们都面临巨大的工作生活压力。虽然大家都知道良好的情绪有益于身心健康，但面对着种种不期而至的烦恼，人们往往无法避免不良情绪。面对这些坏情绪，我们如果一味地压抑自己，最终会导致身心严重受损。因此，当负面情绪出现时，我们应当采取合理的方式，尽快地将其宣泄出去。有人会到空旷的地方呐喊，有人会痛快淋漓地运动一番，也有人喜欢找亲近的人倾诉，这些都不失为缓解压力的好办法。将种种不如意彻底释放后，我们便可以收拾好心情，重新轻装上阵。

有了情绪别堵在心里，要及时疏导

生活中，你是否遇到过这样的情况：一大早，六点钟的闹钟就把你惊醒，因为八点钟之前你就要到公司，而你还必须为孩子准备早饭、开车把他送到学校，然而，你叫了几次，孩子都不起床，正当你为此生气时，你又不小心打翻了为孩子做好的早饭，你更是火冒三丈，眼看着就快要失控了；当你好不容易赶到办公室，却发现自己已经迟到了，你的名字已经挂在了迟到者名单上，这月奖金又没了，你心里倍感委屈，生活怎么这么艰辛？

其实，生活、工作中类似于这样让我们产生负面情绪的事情实在太多，孩子不听话、同事不合作、上司没来由的批评等，都会成为我们情绪的导火索。此时，如果我们处理不当，就很有可能造成人仰马翻的惨剧。

每个人都会对身边的事情产生情绪，人类本身就是情绪化的生物，有喜怒哀乐，那些脾气好的人并不是没有情绪，也并不是一味地压制自己的情绪，而是懂得以正确的方式排解心中的不快，不将情绪传染给身边的人，不让他们成为自己情绪发泄的对象。面对情绪，我们可以适时找到合理的宣泄方式，把情绪放走。

心理启示

人类是情感动物，而在社会生活中，我们更需要拥有理智。感情一旦失去理智的控制，便会一发不可收拾，带来不可预料的后果。面对负面情绪，我们需要理智地分析、理智地发泄，这样缓解情绪才能得到较好的效果。

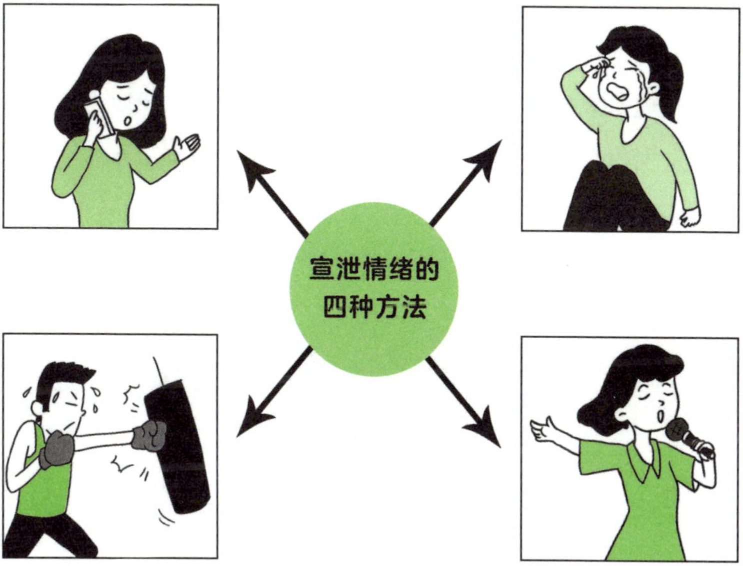

所谓合理发泄情绪，是指在心中产生不良情绪时，在发泄的时候，选用合适的方式方法，选择合理的场所。有以下四种发泄负面情绪的方法。

1. 倾诉

当你觉得内心憋闷、心情抑郁时，可以选择倾诉的方式来排遣，倾诉的对象既可以是你的朋友、同事，也可以是你的亲人，使消极情绪发泄出来后，精神就会放松，心中的不平也会渐渐消除。

2. 哭泣

人们面对突如其来的灾祸、精神或身体上的打击，可以选择一个合适的场所放声大哭，这是一种积极有效的排遣紧张、烦恼、郁闷、痛苦情绪的方法。

3. 摔打安全的器物

如枕头、皮球、沙包等，狠狠地摔打，当你精疲力竭时，你会发现内心是多么畅快。

4. 高歌法

唱歌，尤其是高歌，除了能愉悦身心外，还是宣泄紧张和排解不良情绪的有效手段。

适度争吵，偶尔争吵也是一种沟通

生活中，我们总希望与他人和睦相处，即使遇到矛盾、受了委屈等，我们也独自承受，因为我们不想争吵，不想影响人际关系。而这样做，问题并没有解决，并且长此以往，我们内心的不快会因此积压，不利于身心的健康。实际上，我们一直避免的争吵却是一种快速解决问题的方式。争吵，至少证明我们都有解决问题的愿望，这正是沟通感情、表达内心需求的一种方式。然而争吵时，我们要注意度的问题，不要一旦和爱人、家人吵架，就大发脾气，大动干戈。

小雨和丈夫结婚已经满三个月了。她和丈夫通过相亲认识，谈恋爱的时候，她对这个男人实在太中意了，他潇洒大方、事业成功、家境殷实，以至于他在向小雨求婚时，小雨想都没想就答应了。但婚后，小雨发现，原来婚姻并没有她想象中那么幸福，她一下子由一个美丽的女人变成了整天和锅碗瓢盆打交道的妇女，每天都要面对丈夫的臭袜子，最可恨的是，丈夫是个大男子主义者，他希望小雨什么都听他的，这哪里是小雨的风格？于是，吵架开始了，一气之下，小雨带着怨气回了娘家。

椅子还没坐热，小雨就一股脑儿把自己的委屈都说了出来。在一旁看报纸的父亲也凑过来，他对小雨说："你这傻孩子，别动不动就说离婚，夫妻双方吵架是很正常的事，小李人不错，你在路上的时候，他就打电话来了，还跟我们道歉，只要没有原则性问题，吵吵架也没什么啊，越吵越热闹啊！"

听到父亲这么说，小雨扑哧一声笑了："合着您的意思就是鼓励我们吵架？"

"那肯定不是嘛！我的意思是，你别还像没结婚时一样，希望周围的人都围着你转，男朋友哄，爸妈疼着，结了婚，你就为人妻了，要调整好心态，不要动不动就提离婚，说多了会伤害夫妻感情的。再说，吵架了，你们就知道问题的症结了嘛，回去和他好好谈谈。"父亲的话似乎很有道理，小雨听完后，收拾了东西，洗了把脸回家了。

这则案例中，已为人妻的小雨因为和丈夫吵架而回到娘家，但最终被父亲劝服。的确，那些感情好的夫妻，也并不是不吵架，他们通常都会本着以解决问题为目的的原则吵，并把握好度。

人们往往说"相敬如宾""平平淡淡就是真"，然而，现代社会，"平淡"之中往往隐藏着危机，没有争吵就没有掏心窝子的透露，很多问题就不能解决，这样的"平淡"还不如"吵闹"来得更坦率，更直接。坦白了各人的想法，不仅宣泄了内心的不快，让我们平静下来，还能以最快的速度解决问题。

心理启示

每个人都拥有程度不一的自我意识，因此，生活中的争吵是不可避免的，适度的争吵，也可以增进彼此的交流与了解。但需要注意的是，吵架也需要掌握分寸，要明白争吵是为了解决问题，而不是制造问题。争吵时，无论情绪如何激动，也不可出口伤人。

有了烦恼，不妨多向朋友倾诉

人生旅途中，每个人都会拥有几个知心朋友。我们都知道，我们虽然有一定的抗压能力，但如果压力过大不加排遣、一个人闷在心里或独自受委屈，是对健康不利的。而心理学实践表明，把自己遇到的压力、烦恼对别人说出来，有宣泄作用。因为与别人交谈能让他们分担你的感受，从而分散压力；倾诉压力和烦恼的过程，就是整理自己思路的过程，对减压有益。

当我们心情压抑的时候，不妨找个倾诉对象。人的情绪受到压抑时，应主动把心中的烦闷苦恼都说出来。尤其是那些性格内向、不善交际的人，他们多半是无法靠自己的力量做好自我调节的，因此，可以选择通过向信赖的好友倾诉来排遣烦恼。有些事情其实并不像当事者想得那么严重，然而一旦钻进牛角尖，就会越来越急，如果请旁观者指导一下，可能就会豁然开朗，茅塞顿开。

每天为生活劳累的人们，如果把你的压力和困扰告诉朋友，可以让你觉得舒服些的话，这未尝不是个减压的好方法。把你的压力说出来，也许你会觉得舒服很多。那么你也可以找一些可以信任的朋友，一起出去喝喝咖啡，把你的困扰告诉他们。

心理启示

每个人的人生阅历不同，因此看待问题的角度也有所不同。即使是双胞胎，在处理同样一件事时，也往往会采取不同的方法。一个人的见解始终是有限的，当我们被一些困扰搞得手足无措时，不妨找个知己，倾诉一番自己的无奈，再倾听一番他们的看法。

向知己倾诉，具有以下三点操作诀窍。

1. 交几个知心朋友

研究压力方面的心理学专家说：“女性其实是一种很需要别人支持的群体。所以，对于女性而言，强大的后备力量就显得尤为重要了。”其实，不只是女性，我们任何人都需要朋友，更需要知心朋友。举个很简单的例子，当你不小心把手割伤了，你一定会寻找创可贴之类的药物，而同样，当我们遇到不开心的事时，我们也会不由自主地寻找可以为我们打气的人。也就是说，我们只有具备几个可以掏心掏肺的知己，才能在需要他们时，有人可以依靠、倾诉。

2. 你的知己要有一定的抗压能力

曾有专家建议："无论是朋友，还是亲人，你都可以依赖。但是，你必须找到在你压力大时，真的能帮助你的人。"如果你的朋友的抗压能力还不如你，那么可想而知，对于你的苦恼，他是帮不上忙的，甚至他的心情也会被你影响。

3. 朋友的知心是前提

这里的知己，是指那些能为你保守秘密的朋友。这点是非常重要的。

适当运动，在汗水中重生

现实生活中，许多人会面对工作、生活、学习等方方面面的压力，不良情绪常常不期而至。对此，有些人选择向他人发泄，有些人选择闷在心里，也有些人感到无所适从。殊不知，运动是排解压力的一种行之有效的好方法。

不知你有没有这样的体验：当情绪低落时，参加一项自己喜欢又擅长的体育运动，就可以很快将不良情绪抛之脑后。这是因为体育运动可以缓解心理焦虑和紧张程度，分散对不愉快事件的注意力，将人从不良情绪中解放出来。另外，疲劳和疾病往往是导致人们情绪不良的重要原因，适量的体育运动可以消除疲劳，减少或避免各种疾病。

对大多数人来说，日常生活中，只要我们能多参加运动，适当调节自己的情绪，就能获得快乐的心情、赶走不快的情绪。因为运动的效果是积极的，它可以激发人的积极情感和思维，从而抵制内心的消极情绪。此外，运动时能促进大脑分泌一种化学物质——内啡肽。内啡肽可以帮助我们减少抑郁、焦虑、困惑以及其他消极情绪，通过改善体能，也能增强自我掌控感，重拾信心。

心理启示

有科学研究表明，运动后人体内会产生一些类似于兴奋剂的物质，让人感到愉快。

困难来临时，枯坐原地、愁眉不展又有何用？站起来，去跑，去跳，去运动吧！大汗淋漓之后，那种身心的畅快感受会让你的精神面貌焕然一新，轻松、自信的你面对诸多问题，必然能迎刃而解。

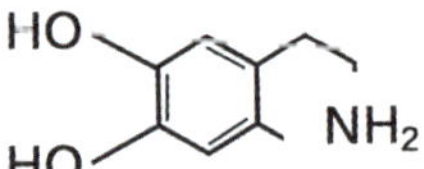

Happy

运动分有氧运动和无氧运动两种，无氧运动一般都是短时间高强度的，对人的意义不大，弄不好还容易伤到自己。最好还是做有氧运动，不但有锻炼身体的效果，而且能调节情绪，有效应对情绪中暑。

然而，却有人说，运动会出汗。运动当然是会出汗，这是毋庸置疑的，但除了汗水之外，我们收获的会更多，我们的烦恼会在汗水中得到释放。再者，并不是所有的运动都和人们想象的那样出很多汗，就比如游泳，夏天最好的运动方式莫过于游泳。当然，无论哪种运动，出点汗都是好事，出汗之后，只要能迅速补充体液补充矿物质，再加上一个热水澡，那么剩下的就是舒舒服服的感觉了。尤其是在经过了一段时间的剧烈运动后，那些所谓的烦恼都被抛到九霄云外去了，你会觉得身心畅快。

旅行，让心灵得到沉淀与升华

现代社会中，人们的压力到底有多大？无形的压力主要源自三个方面：工作、经济、健康。每天面对这些烦琐的问题，人们难免产生不良情绪。于是，越来越多的人渴望能自我减压和放松。而“回归自然”“亲近自然”的魅力正在被这些混迹于钢筋混凝土之间的城市人发觉，他们逐渐投身到大自然的怀抱中，呼吸新鲜空气、寄情于山水之间。

作为普通人的我们，同样也可以选择旅行的方式来亲近自然，以此来宣泄我们的压力和不良情绪，一般来说，你可以选择旅行的方式有很多。

1. 登山

登山的过程，是一个不断征服的过程，当我们跨过一个个山头，就会发现呈现在自己面前的，是另外一片风景，我们的眼界也逐渐开阔起来。同时，爬山还有另外一个好处，那就是锻炼身体。

因此，无论是周末，还是平日的闲暇时间，我们都可以约上几个朋友，去大山里走走，去感受另外一个远离尘嚣的世界。当然，登山的过程中，我们一定注意安全，最好不要一人登山。

心理启示

旅游带给我们的，绝不仅仅是参观了某处古迹、爬过了某座大山的行程记录，它让我们的心灵得到沉淀，让我们的灵魂得到净化。工作再忙，也总能挤出时间。找个时间，找个地点，适时给自己的身心放一个假，看过一番新的风景后，你会发现生活也更美了。

2. 野营

野营，顾名思义就是在野外露营、野炊。野营通常和其他活动联系，如徒步、钓鱼或者游泳等，这是一种锻炼生活技能很好的方法，并且，在相互合作的过程中，人与人之间的关系也会变得亲密起来。

3. 钓鱼

钓鱼的主要工具有钓竿和鱼饵。钓鱼的工具其实制作起来很简单，钓竿的材质可以是竹子，也可以是塑料，而鱼饵的种类也很多，可以是蚯蚓，也可以是米饭，甚至可以是苍蝇、蚊虫。现在有专门制作好的鱼饵出售。鱼饵可以直接挂在丝线上，但有个鱼钩会更好，对不同的鱼有特殊的专制鱼钩。另外，在周围水面撒一些豆糠会引来更多的鱼。

4. 徒步

亦称作远足、行山或健行，它和通常意义上的散步不同，也不是体育活动中的竞走，而是指有目的地在城市的郊区穿行。

第8章

选择快乐，快乐情绪就会一直跟随着你

生活就像一面镜子，你怎样对它，它也怎样对你。你对着它笑面盈盈，它便对你喜笑颜开；你对它闷闷不乐，它便对你唉声叹气。我们的生活快乐与否，取决于我们对待生活的态度；我们的生活能否幸福，取决于我们看待事物的角度。相信普天之下，大家的愿望都是一样的，每个人都希望能够快乐、幸福地度过一生。想要达成这个目标，关键在于我们的心态是否乐观、积极，而这种健康的心态，是需要我们不断努力、有意识地去培养的。

快乐这把钥匙，能打开幸福生活之门

红尘滚滚，荆棘丛生，人生的道路漫长而曲折。苦难是生命的常态，烦恼与痛苦相伴，应运而来的是种种困惑。如何面对人生的困惑？毛主席赠柳亚子诗曰：“牢骚太盛防断肠，风物长宜放眼量。”意思是说对待困惑，眼睛要看得远，心要想得开，做到不疑不愁不怒，豁达乐观。保持一份好心情，这样才能发现胸中的天地间烟消云散，天高地阔。

乐观就是一粒种子，这粒种子能结出人类很多美好的品德之花；它更像一个好朋友，始终对你仁慈，愿意陪你度过人生的风雨征程；它更像尽职尽责的护士，呵护着你的耐心，像母亲一样哺育着你的睿智……它是道德和精神最好的滋补剂。马歇尔·霍尔医生曾对自己的病人说过：“乐观的态度，是你最好的药。”所罗门也曾说：“乐观的心态，就是最强劲的兴奋剂。”

然而，现代社会，很多人感叹自己活得累，没有快乐可言，其实，人生在世，谁都会遇到烦恼，人们的生活状态之所以不同，是因为他们的心态不同，痛苦或快乐，取决于你的内心。面对痛苦，你若不成为强者，就会成为弱者。

心理启示

生活对每个人都是公平的，不会有人始终一帆风顺，也不会有人整日霉运缠身。每个人的人生，都是一处包罗万象的风景，有坎坷也会有平川，有高山也会有低谷。面对困难，绽开你的笑颜，能够保持良好心态的人，才能够成为自己人生的主人。

生活得快乐与否，完全取决于个人对人和事物的看法如何。你的态度决定了你一生的高度。你认为自己贫穷，并且无可救药，那么你的一生将会在穷困潦倒中度过；你认为贫穷的生活状态可以改变，你就会变得积极、主动，你就会摆脱贫穷。心态决定人生，也就是这个道理。

总之， 面对人生的烦恼与挫折，最重要的是摆正自己的心态，积极面对一切。再苦再累，也要保持微笑。笑一笑，你的人生会更美好。

无论遇到什么，都积极面对

生活中，我们经常听到有些人说“点头微微笑，低头数钞票”“和气生财”“家和万事兴”之类的经验，这些都充分说明了一个道理：因果联系，只有时时保持一种积极的人生态度，才有获取成功的希望。我们只有在心里编辑出一道积极的心理公式，才能得出幸福的结果。因为任何人的一生，都需要用心来描绘，无论自己处于多么严酷的境遇之中，心头都不应为悲观的思想所萦绕，应该让自己的心灵变得通达乐观。罗根·史密斯说过这样一段话，言简意赅，他说：“人生应该有两个目标，第一，得到自己所想的东西；第二，充分享受它。只有智者才能做到第二步。”

现实生活中，我们难免会遇到一些影响情绪的问题，但只要我们积极面对，相信自己能成功，相信自己能获得快乐，那么，我们就能获得成功，获得快乐。人们常说的心想事成，就是这个道理。

人的心灵有两个主要部分，就是意识和潜意识。当意识作决定时，潜意识则做好所有的准备。换句话说，意识决定了“做什么”，而潜意识便将“如何做”整理出来。

心理启示

积极乐观的心态是我们获得幸福生活最重要的帮手。当我们能够笑对一切、充满自信时，一切不顺遂的事都会离我们远去，这样在通往成功的航行中，我们已然能够看到彼岸。

要想得到快乐，请记住："每天一早想想让你得意的事情，不要将注意力集中在烦恼上。"

那么，我们怎样做才能让积极的心理公式演算出幸福的结果呢？

1. 有点阿Q精神

人生在世，我们总会遇到一些令我们不快的事，我们要学会调节。其中，阿Q精神就可以让我们更好地满足自我安慰的需要。如果一个人的心态调整不好，那么乐观的人生也会离他很遥远。

2. 相信自己能得到幸福

一个人期望的多，获得的也多；期望的少，获得的也少。如果你有乐观积极的心态，不管自己的人生有多大挫折，自始至终都保持一种平和的心态，你就会有幸福的生活。

随心生活，过潇洒人生

生活中，我们经常要面临两难的抉择，尤其是在现在这个复杂的社会中，果断地做出正确抉择更不是一件易事，这就需要我们有出色的判断能力和坚定的自信。一些人在做出难以抉择的决定前，却因为害怕失败和失去已拥有的而左右迟疑，当断不断，不愿行动，为自己带来很多困扰。那么，你不妨随“心”所欲，把一切都交给自己的心去决定，这样你便能获得快乐，收获好心情。

法国哲学家布里丹养了一头小毛驴，每天向附近的农民买一堆草料来喂。这天，送草的农民出于对哲学家的景仰，额外多送了一堆草料，放在旁边。这下子，毛驴站在两堆数量、质量、与它距离完全相同的干草之间，这可让它为难坏了。它虽然享有充分的选择自由，但由于两堆干草价值相等，客观上无法分辨优劣，于是它左看看，右瞅瞅，始终也无法分清究竟选择哪一堆好。

于是，这头可怜的毛驴就这样站在原地，一会儿考虑数量，一会儿考虑质量，一会儿分析颜色，一会儿分析新鲜度，犹犹豫豫，来来回回，在无所适从中活活地饿死了。

心理启示

人生有烦恼，往往是因为顾虑太多。患得患失的人往往顾此失彼，从此沦入恶性循环。情绪是由心态决定的，有些时候，我们不妨暂时抛弃那些无谓的顾虑，跟随心的脚步。我们内心真正渴求的，其实很简单，很容易满足，关键看我们如何对待。

小毛驴在充足的两堆草料面前，却落得个饿死的下场，真是匪夷所思。可见，迟疑不定不仅对人们作出正确选择无丝毫帮助，还会让人们延误时机，甚至酿成苦果。而实际上，除了动物以外，人类似乎也在重复这个幼稚的错误。

那么，我们如何做到随“心”所欲呢？

1. 着眼于当下的工作

一群年轻人到处寻找快乐，但是，却遇到许多烦恼、忧愁和痛苦。他们向老师苏格拉底询问，快乐到底在哪里。

苏格拉底说：“你们还是先帮我造一条船吧！”

年轻人们暂时把寻找快乐的事放到一边，找来造船的工具，用了很大力气，锯倒了一棵高大的树；挖空树心，造成了一条独木船。独木船下水了，年轻人们把老师请上船，一边合力荡桨，一边齐声唱起歌来。苏格拉底问："孩子们，你们快乐吗？"

学生齐声回答："快乐极了！"

苏格拉底道："快乐就是这样，它往往在你忙于做别的事情时突然来访。"

2. 承认痛苦的存在

我们强调要追随自己的内心，选择快乐，但这并不代表痛苦不存在。因此，要拥有好情绪，我们就不能过于苛求生活。

成功永远属于积极的人

我们生活的周围，就有这样一群人，他们感到自己过得不幸福或者不太幸福，有个别的甚至觉得幸福对于他来说是件稀罕事。之所以如此，存在着各种各样的原因：社会竞争压力大、工作不顺心、工作业绩不明显、经常受到领导批评；回家后孤单一人；当上“房奴”，一想到还贷就头昏脑涨；爱人“出轨”，只能勉强维持名存实亡的婚姻；遭遇家庭暴力，对方为一点小事就针锋相对、大打出手；有一份让别人羡慕的收入，却没有让自己喜欢的生活方式……幸福仿佛与他们绝缘。而实际上，幸福离他们只有一步之遥，只要他们主动一点，敢于推开幸福这扇门，敢于打破现在这种不幸福的生活状态。

其实，开启幸福与快乐之门的钥匙就在我们自己的手中，只要我们积极主动一点，那么，幸福与快乐触手可及，坏情绪自然远离；而相反，被动接受生活给予的一切，那么，我们的情绪也就掌握在了命运手中，我们还有什么幸福可言呢？

心理启示

幸福从来不是从天而降的，它需要人们去主动争取，靠自己的汗水来赢得。一味等待、空想甚至已经放弃的人，上苍绝没有多余的馅饼赐予他们。

选择快乐，快乐也会选择你

什么是快乐呢？字典上对快乐下的定义多半是："觉得满足与幸福。"德国哲学家康德则认为："快乐是我们的需求得到了满足。"的确，快乐是一种美好的状态，也就是没有不好或痛苦的事情存在，你觉得个人及周围的世界都挺不错。然而，与快乐相伴相生的，还有痛苦，快乐与痛苦，是生活中永恒的旋律，谁也不敢保证自己时时刻刻都是幸福和快乐的，我们应看重的不是几何痛苦，几何欢笑，而是心在痛苦和欢笑时的选择。你选择快乐，快乐自然就会选择你。

一个农夫家里有两个水桶，它们一同被吊在井口上。其中一个对另一个说："你看起来似乎闷闷不乐，有什么不愉快的事吗？"

"唉，"另一个回答，"我常在想，这真是一场徒劳，好没意思。常常是这样，刚刚重新装满，随即又空了下来。"

"啊，原来是这样。"第一个水桶说，"我倒不觉得如此。我一直这样想：我们空空地来，装得满满的回去！"

在现实生活中也是如此，处于同样的环境之中，有人觉得快乐，有人深感不幸。两个人同时望向窗外：一个人看到星星，一个人看到污泥。这代表着两种截然不同的态度。

我们不难发现，那些懂得享受快乐、享受人生的人，都是忙碌的、有活力的、性格外向的人，而他们之所以快乐，是因为他们选择了快乐。可见，选择快乐让我们拥有好情绪，反过来，如果我们选择用一种抑郁的心情去体味人生，那么，我们的一生也就会充满折磨和煎熬。

那么，我们怎样才能获得快乐的情绪呢？

1. 只跟自己比，不和别人攀

自打我们记事以来，可能就会被周围的人耳濡目染，开始对所谓的“成就”“成功”有了一定的概念，在这种压力下，我们努力学习、努力找工作，并且，这种压力随着年龄的增长越来越强烈。而一旦自己落后于他人，我们就会变得自卑、伤心，甚至一蹶不振。

所以，要让自己获得快乐，就要重新审视自己，审视自己当初的标准是不是错了，如今有无进展。如果你真的已经尽了力，相信一定会今天比昨天好，明天比今天更好。

2. 关心周围的人事物

假如你把目光转移到周围的人事物上，而不是只看到自己的话，眼界一定会开阔很多。那些以自我为中心的人，之所以永远得不到快乐，就是因为他们永远都不知道满足。

心理启示

那么你应该关心什么？关心谁呢？睁开眼睛想一想，我们虽然平凡，至少可以帮忙接送学童上下学，为病人念念书，到老人院打打杂，甚至把四周环境打扫干净……只要付出一点点，你就感到快乐。

快乐的心情拥有巨大的能量，能令我们生机盎然，充满了创造力。我们每天都在面对各种各样的事情，选择以一颗积极的心对待，每件事都会变得美好生动，生活也会因此而精彩非凡。

自我激励，练就强大的心灵

有人说，幸福有一扇大门，站在幸福的门口，如果你迟迟不肯作出决定，更不敢站出来，也不表露自己的意愿，最终肯定是“无可奈何花落去”“一江春水向东流”，落得个自怨自艾的下场。如果你不勇敢地走出自己设置的心理障碍，不主动地展示自己，那么你真的很难成功。

成功最需要具备的一个要素就是智慧，然而，智慧从何处来？智慧的来源大致有以下三个方面：一是从你的知识而来，二是从你的经验而来，三是从自我反省而来。但无论如何，有智慧的人总是能坚持到底、充满自信，这也是所有成功者的特质。而成功者无不是自主的人，他们走自己的路，不为路上的任何风景分神。

自信是成功的前提，自信就是绝对相信自己。而在现实生活中，如果你让别人来指出你的缺点，相信你会听到很多不足；而让别人来指出你的优点，相信你也会得到很多赞扬。而如果我们能运用正确的思维方式，不完全相信听到的看到的一切，也不要因为他人的指责，鄙视而轻视自己，产生自卑感，或许就能坚持自己的主见。

心理启示

真正自信的人，面对困难不断挑战，越挫越勇。他们面带微笑，勇敢而不夸张，拼搏而懂节制。自负可以毁掉一个人的成功道路，自卑也会引发同样的恶果。只有自信的人，才能成为人生的赢家。

如果你想要排除生活中的事件对情绪的干扰，需要做到以下两点。

1. 自我激励

你要知道，环境不能真正激励你自己，别人不能真正激励你自己，只有你自己才能发现你真正的需要和追求。如果你想让自己的生命精彩，不想虚度此生，那么就唤醒你自己吧！

2. 以绝对的自信感染他人

我们的情绪经常会被周围的人和事所牵引，例如，别人给予赞美，我们就信心倍增；而别人一句否定的话，则会让我们自卑。这就表明，你并未做到真正相信自己，真正相信自己的人，会以强大的精神力量影响别人，获得信任，而绝不是被影响。因此，不管任何时候，都要在心中呐喊对你最重要的那句话："我一定行！"

第9章

自我暗示，保持积极精神状态的心理技巧

毫不夸张地说，在人的一生中，负面情绪是不可能“一次性”“永远性”消除的。它就像个淘气的小“恶魔”，往往在我们措手不及时突然降临，令人猝不及防。不过这并不打紧，“恶魔”虽然顽劣，自有“天使”对付它们。我们可以通过自我暗示来保持积极的精神状态。坚持进行自我暗示的训练，对于我们心智的完善与情绪掌控力的提升有着极大的帮助。在自我暗示的影响下，我们所进行的自我激励，促使我们不断自我改进、自我完善，精神得以升华，人生也因此而飞跃。

激励自己，让消极心态无处躲藏

在人生道路上，困难和挫折是难免的，人生起起落落也无法预料，但是有一点我们一定要牢牢记住：积极乐观、永不绝望。当我们遇到逆境或者不顺心的事时，千万不要忧郁沮丧，要鼓励自己，歼灭消极心态，而不要让痛苦占据你的心灵。

古希腊神话中有一个西齐弗的故事很能说明这个问题。西齐弗因触犯了天庭之法，被惩罚到人间受苦。他每天必须推一块石头上山。当他将石头推上山顶回家休息时，石头又自动地滚下来，于是西齐弗第二天又得去推。天神想让他在“永无止境的失败”中遭受惩罚，以此来折磨他的心灵。

可是，西齐弗偏偏不吃这一套。他不认为这就是受苦受难的命运安排。他一心想，推石头上山是我的责任；至于石头是否滚下来，不是我的失败。因此，心中始终平静异常，从不丧失信心，从而始终不放弃自己的职责，每天都满怀希望。天神见折磨西齐弗心灵的方法无法奏效，只好放他回了天庭。

用这个故事对照现实生活，我们可以得到有益的启示。

“人必自助而后天助。”若连自己都不愿帮助自己，还会有谁帮助你呢？只要始终自我激励，相信自己是能行的，永不放弃追求，那么我们就是命运的主人。因此，当我们受挫时，一定要告诉自己：“摔倒了还要漂亮地爬起来。”

可能很多人会产生疑问，如何才能具备积极的心态呢？其实，这完全取决于我们自身的选择。当坏心情降临时，你可以用某些哲理或某些名言安慰自己，鼓励自己同痛苦、逆境作斗争。

比如，当你遇到了困难，正想放弃时，你可以告诉自己：“我是最棒的，我一定能重新站起来。”“别发火，发火会伤身体。”另外，语言也是激励自己最好的工具，语言是影响情绪的强有力工具。如你悲伤时，朗诵滑稽的语句，可以消除悲伤。

总之，无论我们遇到什么事，我们不要让消极心态有机可乘，要拒绝受消极心态的控制。一旦觉察到消极心态，就要马上自我保护，提醒自己它只不过是借软弱打倒理性的纯粹思维惯性而已，你便能歼灭那些消极心态了。

心理启示

生活中，当我们因为压力而疲惫、因为挫败而苦恼时，当我们的情绪跌落到低谷时，消极心态就会乘虚而入。这个时候，我们要做的不是逃避、拒绝消极心态，而是坦然接受，并及时调节自己的情绪，不断自我激励，依靠积极的力量，赶走自己不健康的心理状态。

积极的心理暗示，具有神奇的魔力

生活中，有些人常常会莫名其妙出现坏情绪，其实，他们可能并不是受到什么样的打击，也不是他们正在受什么样的折磨。恰恰相反，也许他们正处在人生的高峰期，不管是生活还是工作都让周围的人羡慕不已。也许在人们看来，他们应该每天都春风满面，而实际上并不是如此，他们似乎也有很多烦心事，心情也会受到影响。据心理学家研究统计表明，这类人心情不好的主要原因并不是来自生活，而是来自自己的心态，这种心态是消极的，像一把大伞遮住了人们的心灵，因此人们的心里就会觉得憋闷，心情自然不佳。

美国新奥尔良的奥施德纳诊所作过统计，在连续求诊而入院的病人中，因情绪不好而致病者占76%。这就告诉我们：情主沉浮，凡事往好的方面想，自然能战胜疾病。

生活中，无论我们遇到什么事，要想保持好心情，就要做到积极地自我暗示。所谓“自我暗示”，从心理学角度讲，就是个人通过语言、想象等方式，影响自身心理的过程。这种自我暗示，常常会于不知不觉之中对自己的意志和生理状态产生影响。

心理启示

人们的行动受着潜意识的指示，而潜意识往往受到自我暗示的影响。在自我暗示的强大作用下，人们的行为、心理乃至生理，都会不自觉地朝向自我暗示所指示的方向活动、发展。也正因为如此，坚持进行积极自我暗示的训练，具有极为深远的意义。

自我暗示的方法有很多，你可以在心里暗示，也可以大声说出来，甚至可以在纸上写下来，更可以歌唱或吟诵，但无论采取什么方法，都需要坚持，如果你能每天进行十来分钟的练

习，那么就能消除长时间消极的思维习惯。自然，我们越经常性地意识到我们正在告诉自己选择积极、扩张的语言和概念，我们就越能够容易地创造出一个积极的现实。

心怀感恩，别总是怨天怨地

生活中，我们总能发现一些对抱怨乐此不疲的人，他们抱怨生活太艰辛、工作压力太大、房子太小、父母太唠叨等。其实，我们之所以经常抱怨，是因为我们缺乏感恩之心。无论我们遇到的是顺境还是逆境，都能磨炼一个人的心智。

有一块石头被刻成了神像，抬到庙里去供奉，受到人们的跪拜。后来，人们把庙宇改成了别的用场，这个神像也就用来垫墙脚了。

“我真不幸，怎么会碰上这么倒霉的事！”石像抱怨着，“让我来垫墙角，真是大材小用！”

而另一块垫墙角的石头却说：“我很感激能有这样一个位置。要知道，能够踏踏实实地做一些对人们有益的事，比起做一个高高在上、光摆架子、却没有一点用场的偶像来，要有意义得多！”

从这个寓言故事中，我们可以得出启示，只有心怀感恩的人，才能视万物皆为恩赐；也只有当我们心中充满了感恩之情时，压力才会变得不再是压力，世界也才会变得美好。而此时无论是怎样的困难，我们都可以满怀激情地去面对。

心理启示

抱怨≠合理宣泄，抱怨不能缓解我们的负面情绪，只会令我们对生活更加失去兴趣和耐心。面对种种压力，当我们选择以感恩的心去看待时，世界也因此而不同。“不要抱怨玫瑰有刺，要为荆棘中有玫瑰而感恩。”这句话所蕴含的哲理，值得我们每个人去感悟。

的确，当一个人受到了不公正的待遇时，自然会感到委屈，就会抱怨，这再正常不过了，适度的抱怨也是一种舒缓内心不满的方法，但如果我们开始变得怨天尤人，把周围的每个人都当成我们抱怨对象时，你是否想过，其实问题在自己身上。

许多人之所以不能获得成功，原因就在于抱怨。因为他们总是从外界找原因，而不是从自己身上找原因，不管他们的学历有多高或者能力有多强，终究不能赢得领导的重用和信任。

也许我们拥有的工作不是自己所喜欢的，也许我们辛苦劳作却得不到应有的报酬，也许我们的工作环境不够完善，也许有太多不如意的事情发生，但是当一个人拥有一颗感恩的心，就不会终日抱怨他人、牢骚满腹。因为抱怨不能解决问题，只会伤害到自己和别人。

因此，少一些抱怨，多一些感恩吧！不要认为自己很辛苦，其实，你的家人和朋友也一样。不要认为你的工作比别人多，正是因为你付出得多，你才有更多证明自己能力的机会，才会遇到比别人更多的机遇！

不断暗示自己，变消极为积极

生活中，人们的心情总是会因为周围发生的事而受到影响，当遇到不幸或者不快的事情时，心情还会因此低落。但无论遇到什么，我们都要反复暗示自己，不要被低落的情绪控制。那些成功者之所以成功，就是因为他们做到了这点。因为决定人生成败的是态度，积极乐观的人可以在任何时候都快乐，无论道路多么崎岖，都会毅然向前走；消极悲观的人总是触景伤情，甚至感觉活着是那么艰难，是一种罪。所以，不管你身处何种境地，一定要保持正面情绪，积极、乐观、不抱怨，你才能变得成熟、自信。

然而，生活中，许多人一陷入困境，就变得消极、悲观，甚至一蹶不振。其实，并不是困难打败了我们，而是我们自己打败了自己。我们应反复暗示自己，困境是另一种希望的开始，它往往预示着明天的好运气。你只要放松自己，告诉自己，希望是无所不在的，再大的困难在时间与努力面前也会变得渺小，这样你也就能挣脱低落情绪了。

美国亿万富翁、工业家卡内基说过：“一个对自己的内心有完全支配能力的人，对他自己有权获得的任何其他东西也会有支配能力。”当我们开始运用积极的心态并把自己看作成功者时，我们就开始成功了。

那么，我们该如何暗示自己摆脱低落情绪呢？

1. 摒弃那些消极的习惯用语

这些消极的习惯用语一般有：

“我好无助！”

“我该怎么办？”

“我真累坏了。”

……

相反，我们可以这样说来激励自己：

“忙了一天，现在心情真轻松。”

“困难，考验我吧！”

“我要先把自己家里弄好。”

“我就不信我战胜不了你！”

2. 有意接收积极信息

每天早上，当你起床后，就要接触那些积极的信息，如果可能的话，和一位心态积极的人共进早餐或午餐。不要去看早上的电视新闻。你只要浏览一下当天报纸上的几条重要新闻即可，这几条新闻足以让你了解当今世界的重大新闻。你可以多关心一些与你的工作和生活有关的当地新闻，而对于那些惨案类的新闻，你要管住自己的眼睛，不要在早上就去阅读它们。在开车或者坐车去上班的路途中，你最好也可以听一些愉快的音乐……而晚上，你不要花大量时间去玩网络游戏、看电视等，你应该多陪陪你的爱人和孩子，向他们讲讲当天的趣事。

当你情绪低落时，你可以放下手中的工作，抛开烦琐的生活，去你所在城市的医院、养老院、孤儿院看看，你会发现，比你不幸的人太多了。如果情绪仍不能平静，就积极地去和这些人接触；和孩子们一起散步、游戏，把自己的情绪转移到帮助别人身上，并重建自己的信心。通常只要改变环境，就能改变自己的心态和感情。

立即行动，激发你的潜能

有人说世界上的人分别属于两种类型。一种是“积极主动”的人，另一种是“消极被动”的人，前者一生积极向上，不断努力做事，绝不拖延，不达目的誓不罢休，因此他们成功了；而后者，他们总是给自己找借口，直到最后他证明这件事“不应该做”“没有能力去做”或“已经来不及了”为止，因此他们失败了，而最终，他们也是庸庸碌碌过完一生。

每天都有几千人把自己辛苦得来的新构想取消或埋葬掉，因为他们不敢执行。过了一段时间以后，这些构想又会回来折磨他们。因此，我们若想成功，就立刻摆脱那些消极情绪并立即行动吧！

一个人若要获得成功，若要活出精彩的人生，首先要战胜自己，战胜怯弱，摒除消极情绪，积极行动起来！

对此，我们需要做到：

1. 建立良好的心境和情绪

虽然我们不得不承认，我们与他人在很多方面的差距是与生俱来的，比如长相、身材、家境等，但是，通过后天的努力，我们依然可以改变很多，比如，个人能力、阅历等。

心理启示

当仰望着金字塔尖的成功者时，多少人在事后，甚至是在人生终了前，才开始悔恨自己败在“从未行动”“不敢行动”上。成功永远不会眷顾那些行动上的矮子，上苍也不会呵护那些只敢做白日梦的空想家。成功需要良好的心态，更需要我们付出实际的行动。

生活中，一些人面对与他人的差距，会怨天尤人，但抱怨并不能改变这种差距。而你要缩小这种差距，甚至超越他人，就必须挖掘自己内心的力量——自信，设置与把握正确的人生目标，以及运用这些能量向着我们所设定的目标努力，并采取一些具体的行动。而也只有这样，才能达到一种心理平衡。但这不仅仅是一种心理平衡，在富有耐心而坚毅的努力的过程中，我们将逐渐显示自己的优势，超越别人，超越那些以前我们自以为不如他（她）的那些人。

2. 真正执行你的创意，让其发挥价值

你的创意再好，如果只是停留在“想”的阶段，那么，你永远都不会看到成果。

可能天下最无奈的一句话就是：我当时真该大胆地去做。在我们生活的周围，也经常有人感叹：“如果我在那时开始那笔生意，早就发财了！”或“我早就料到了，我好后悔当时没有做！”一个好创意，如果只是想想而已而没有被执行的话，真的会叫人叹息不已，感到遗憾；如果彻底施行，可能就会带来无限的满足。

第10章

鼓足勇气，卸下昨天的悲伤才能迎接新明天

正如我们不能拒绝天空落雨一样，我们也无法拒绝人生诸多痛苦的造访。人生是不断变化的，甚至可以说是反复无常的。痛苦和快乐像一对亦敌亦友的对手，它们相互排斥，却又相互衬托。痛苦、悲伤，种种不良情绪往往会令人身心不堪而又不知如何挣脱。其实，只要我们坚强一点，自信一点，认定目标，鼓足勇气站起来，便会发现痛苦其实只是粘在衣服上的泥土，虽然不易清理，但只要方法得当，我们的衣服又可以变得光洁如新。

压抑已久，不妨大声哭出来

生活中，我们发现，一个人在心情不好的时候，周围的人都会劝道：“没事，笑一笑。”很少有人劝其“哭一哭”。实际上，真正能起到释放人内心压抑情绪的方法是哭泣，而不是微笑。

心理学家曾经做过这样一个实验：有一群人，心理学家将他们分成两组，一组是血压正常者，另一组是高血压者，心理学家分别问他们是否哭泣过，结果表明，血压正常者中有87%的人偶尔有过哭泣，而那些高血压者说自己从不流泪。这里，我们发现，让情感释放出来要比深深埋在心里有益得多。

哭是有益健康的。由情绪、情感变化引起的哭泣是人的正常反应，我们不必克制，尤其是心情抑郁时，更不需故作坚强、强忍泪水，那样只会加重心理负担，甚至会积累成疾。负面情绪会让神经高度紧张，当这种紧张被长期压抑，得不到释放时，便会集聚起来，最终导致神经系统紊乱，久而久之，会损害身心健康，导致某些疾病的发生与恶化。哭泣则能提供一种释放能量、缓解心理紧张、解除情绪压力的发泄途径，从而有效避免或减少此类疾病的发生。

心理启示

我们应该看到哭泣的正面作用，它是一种常见的情绪反应，对人的身心能起到有效的保护作用，因此，当你遇到某种突如其来的打击而不知所措时，不妨先大哭一场，不要害怕别人的眼光，哭没什么见不得人的。

微笑向前，忘掉昨日烦恼

人生如变幻莫测的天空，刚才还晴空万里，转眼间阴云密布、倾盆大雨。但这些都是上一秒发生的事，人要向前看，不管过去多么悲伤失意，过去了的总归过去，只有向前看，才会有希望。

人活于世，谁都不愿提起和想起的伤心往事，被人们称为“旧伤”。它不像电脑程序一样可以被删除，只能靠我们自己来修复。那么，我们该怎样从心理的角度“修复”那些旧伤呢？

1. 不要强迫自己去忘记某件事情，把一切交给时间

忘记任何一件痛苦的事，都需要一个过程。因此，即使有时偶尔会想起它，其实也无妨。当你想起它时，你可以对自己说：那都是过去，看我现在多快乐啊！相比过去而言，现在的我是多么的幸福啊……人要往前看，往好处想，随着时间的流逝，那些过去也就真的成为“往事”了。

2. 转移注意力，不给“旧伤”复发的空隙

你可以从现在起把你的时间排满，做一点别的事情来转移自己的注意力。扩大你的生活圈子，关心你的朋友、你的亲人。这样你会觉得快乐，并逐渐淡忘那些痛苦的回忆。

心理启示

笑对人生，生活不会亏待每一个热爱它的人。生命是一次航行，自然会遇到暴风骤雨，那么，我们该如何驾驶生命的小舟，让它迎风破浪，驶向成功的彼岸呢？这需要勇气，需要以一种平常心去面对！

3. 找到适当的发泄方式

你可以试着找真诚的朋友听你诉说心里的苦闷，多听听他人的意见，多从积极乐观的角度去想事情，微笑着看待生命中的每件事。同时，你也可以尝试其他适合自己的放松和发泄方式，如逛街、欣赏音乐、跳舞、跑步、看书等。

可见，乐观豁达的态度，无论对我们自己，还是生活在我们周围的人，都能带来积极的情绪和成功。思维心理学专家史力民博士指出：“乐观是成功的一大要诀。”他说，失败者通常有一个悲观的“解释事物的方式”，即遇到挫折时，总会在心里对自己说：“生命就这么无奈，努力也是徒然。”由于常常运用这种悲观的方式解释事物，他们无意中就丧失了斗志，不思进取了。

卸下身上的重担，方能轻松前行

在人生的路上，我们要懂得放下，放下那些失败的重担，才能肩负明天的希望。若把那些过往都逐个装进行囊，恐怕我们的路会越走越艰难，步子也会越来越沉重。

然而，生活中总有人一味沉溺在已经发生的事情中，不停地抱怨，不断地自责，将自己的心境弄得越来越糟。这种对已经发生的不可弥补的事情不断抱怨和后悔的人，注定活在迷离混沌的状态中，看不见前面人生的一片明朗。

在人生的路上，在我们追求前方的成功之时，突然被无情的挫折打倒，我们痛苦，那些无穷的悲伤霎时间袭向我们，当一次次的努力尝试无果的时候，我们要反思，反思自己是否被悲伤压抑得丧失了原有的能力。

只有当你放下悲伤，以积极的心态去面对生活的挑战时，你的生命才会有无限的可能。最容易被激发出无限可能的时机，正是我们最沮丧、困顿的时候。绝望的那一刻，往往是希望的开始，只要不沉溺于悲伤，我们还可以从跌倒的地方再爬起来。

请抛却那些失败之后的不安吧，如果你想取得最后的成功，就必须破釜沉舟，就必须勇于忘却过去的不幸，开始新的生活。

心理启示

人生短暂，不如意的事更是十有八九，失败不过为其一二，面对失败，我们要学会坚强，学会乐观，学会控制好情绪，更要学会调整自己的心态。保持好精神，拥有好心情，才是至关重要的。

忘记过去的成功与失败，给自己一个全新的开始，我们便会从未来的朝阳里看见另一次成功的契机。不要囿于曾经或者眼前的困境，任何时候都要有从头再来的勇气。无论你在人生的哪个时刻被命运甩进黑暗，都不要悲观、丧气，这时候，你体内沉睡的潜能最容易被激发出来。放下痛苦才能赢得幸福，放下烦恼才能赢得欢乐，放下忧郁才能赢得开朗，放下悲伤我们才能走出阴影。

在失败中积累实力，成就更强大的自己

生活中，你是否遭遇过失败？你是否意志消沉过？你是否曾奋力一击，但最终还是彻底失败？你的健康是否出现过问题？但你不要害怕，即使遇到这些情况，也不能阻挡你达成目标，失败只是我们在通往成功路途上的一小部分而已。伟大的成功通常是在无数次痛苦失败之后得到的。大剧作家萧伯纳曾经写道："成功是经过许多次的大错之后得到的。"

曾经有两个年轻人失业了，他们去拜访拿破仑·希尔，想询问他如何才能变得积极起来。拿破仑·希尔说："记得刚开始时，我供职于一家信息报道公司，这家公司的待遇并不好，不过我已经很满足了。后来，公司因为业绩不怎么样，不得不裁员，像我这样对公司毫无用处的人自然就在裁员之列了。果然，不久后，我就收到了公司的裁员通知。刚开始，我真是万念俱灰，我失业了，我不知道该怎么接受这个残酷的事实。但很快，我冷静下来，我发现离开这个工作岗位是有好处的，因为我不喜欢这份工作，也不会有什么大作为，我只有离开这儿，才能有找个好工作的机会。果然不久我便找到一个更称心的工作，而且待遇也比以前好。我因此发现被辞退这件事，确

实是件好事。”

拿破仑·希尔总结，把失败转变为成功，往往只需要一个想法并紧跟以一个行动。我们发现，那些成功者都是勇敢的、理智的，即使遇到失利，他们也不会退缩，而是能化悲痛为力量，把失利当成提升自己的一次机会。他们这样勉励自己：“我要振作精神，跟命运搏斗；我要把痛苦化为力量，设法有所建树。”实际上，在失利面前，我们不得不停下来好好想想、歇歇脚步。失利正好给了我们反省的机会，这更利于我们看到自己的不足。

一朝一夕就成功是不可能的。每一个奋发向上的人在成功之前都曾经历无数次的失败。我们需试验、耐心和坚持，才能汲取经验，取得成功。而化失败为动力的方法是：

（1）仔细分析现状，找到自己的问题，不要怪罪任何人。

（2）给自己重新制订一份计划，这份计划要考虑到前一次失败的原因。

（3）不妨去想象一下自己获得成功后的欢愉场景。

（4）收起那些曾经让你不快的记忆，它们现在已经变成你未来成功的肥料了。

（5）重新出发。

你可能需要再三试行这5个步骤，然后才能如愿达到目标。重要的是每尝试一次，你就能增加一次收获，并向目标更进一步。

心理启示

在我们追求成功、实现人生理想的征途上，无论遇到什么情况，都不要被自己打败，凡事都往积极的一面看，这样就能从失败的打击中站起来。如果能培养出观察入微的眼光，就会看到事物往好的方向发展的一面。

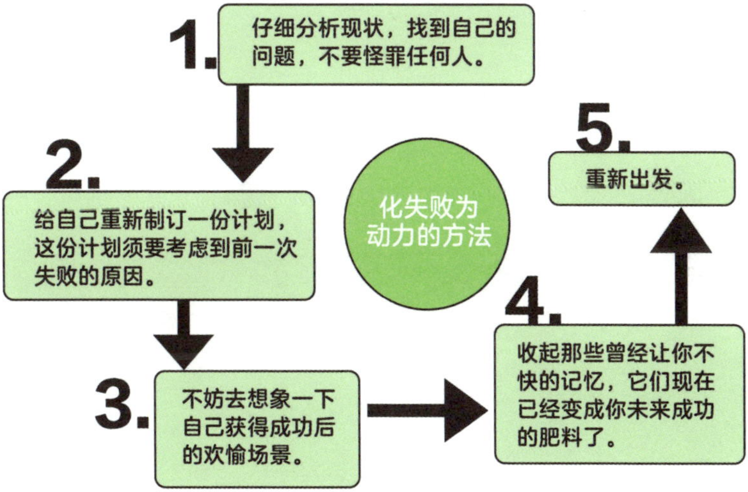

第11章

淡定从容，不让焦虑情绪影响你

紧张繁忙的生活与工作中，我们看到了太多焦虑的面孔。因为焦虑，他们疲惫不堪，眼中只有晦暗，心中只有不安，这样一根紧绷的弦，随时有断掉的可能。很多人焦虑，是因为对未来过多地担忧，这实在是自寻烦恼。人生正是因为它的不可预知，才更加引人入胜。当我们放松心情，摆正心态，学会坦然接受一切的时候，就会发现，那个宠辱不惊、云淡风轻的自己，早已不知焦虑是种什么滋味。当我们带着这种恬淡乐观的心态踏上征程时，人生的旅途也变得轻松惬意起来。

顺其自然，别违背规律

生活中，人们常说“心急吃不了热豆腐”，指做事不要急于求成，要踏实做事，才能水到渠成。的确，对生活过于焦虑的人，生活是不会积极回馈他的。太想成功的人，只会与成功无缘；太想赢的人，最后往往很难赢；太想到达目标的人，往往不容易达到目标。过于焦虑就是自寻烦恼，事情的成败往往不是以我们的意志为转移的，欲速则不达，凡事不可急于求成。淡然处之，持之以恒，成功的概率反而会大大增加。

一位少年一心想早日成名，于是拜一位剑术高人为师。他迫不及待地问师傅多久才能学成，师傅答曰：“10年。”少年又问，如果他全力以赴、夜以继日要多久。师傅回答：“那就要30年。”少年还不死心，问如果拼命修炼要多久，师傅回答：“70年。”

这里，少年学成并非真的要70年，师傅之所以如此回答，是因为他看穿了少年的心态。少年可谓是不惜一切想尽快成功，但没有平和的心态，势必以失败告终。渴望成功、努力追求都没有错，但渴望一夜成名的心态反而会使人欲速不达。

其实，不光是这个少年，在现实生活中，类似的急功近利者并不鲜见，他们凡事追求速度，以至于经常在做一件事时还没开始多久就结束了。急于求成，心态浮躁，往往使人不注意做事的品质，常把最简单、最普通的事做砸，更不必说富有挑战性的大事。

事实上，一种本领的获得、一个目标的达成，都不是一蹴而就的，而是需要一个艰苦历练与奋斗的过程。正所谓“宝剑锋从磨砺出，梅花香自苦寒来”，我们做任何事都应该本着脚踏实地的原则，一步一个脚印才能走向成功，因此，任何急功近利的做法都是愚蠢的。急于求成，只能适得其反，结果功亏一篑。

强扭的瓜不甜，强求的事难成，以淡定的心态面对，却往往会水到渠成。人们的主观愿望与实际生活总是有差距的。我们千万不可把自己的主观意愿强加于客观现实中，而应该学会随时调整主观与客观之间的差距。凡事顺其自然。有些事情就是这样，你越努力渴求，它反而越迟迟不来，让你等得心急火燎、焦头烂额。终于，你等得不耐烦了，正想放弃时，它却又如从天降，给你个惊喜满怀。

孔子曰：“无欲速，无见小利。欲速，则不达；见小利，则大事不成。”真正成大事者，都遵循自然的规律，遇事临危不乱、镇定自若，他们都有一份定力，这是一种有长远眼光的表现。当然，顺其自然不是一种消极避世的生活态度，而是站在更高层次来俯视生活的一种方式。

心理启示

人生路上，无论何事，最忌急于求成。凡事只有经过深思熟虑再行动，才有更有可能成功，不按照事物的发展规律办事，只能是徒劳无功，而如果我们在生活中学会按客观规律办事，就会获得事半功倍的效果。

戒除焦虑，让心归于安宁

有人说过这样的话，人生的冷暖取决于心灵的温度。可如今这社会就像一个大熔炉，把我们的心也烧得沸腾、喧嚣起来，忙碌紧张的生活更是让我们的心焦躁不安。我们常常会担忧：要是失业了怎么办，这个月又该还房贷了，我好像老了……令我们焦虑的问题实在太多了，而由此引起的负面情绪会一直纠缠我们，哪有快乐可言。唐代僧人神秀曾作一偈：“身是菩提树，心如明镜台。时时勤拂拭，莫使惹尘埃。”实际上，任何一个人，行走于世时间长了，心灵难免会沾染上尘埃，让自己的心安宁下来，淡然面对一切，快乐就不会减少。我们身边有很多每天都开心生活的人，他们的共同特质在于，无论外界多么嘈杂，他们始终为自己的心灵留一片净土。

让内心安宁，能让人活得更轻松。同时，内心安宁、不焦虑也是让我们不断前进的保证。相反，面对激烈的竞争，面对瞬息万变的环境，那些内心焦虑的人往往看不清楚真正的自己，也就不能及时察觉自身的缺点，不能用最快的速度修正自己的发展方向，必然会在学业和事业中落伍，被竞争无情地淘汰。

心理启示

在俗世中，要想不断进步，就要放下焦虑的情绪，让心安宁下来，只有这样，才能发现自己的缺点或者做得不够好的地方，然后加以改正，使自己不断进步，并能扬长避短，发挥自己的最大潜能，从而不断获得成功。

现实生活中，一些人在人生发展的道路上不能静下心来，焦虑的他们把命运交付在别人手上，或者人云亦云，盲目跟风。他们忽视了自己的内在潜力，看不到自身的强大力量，甚至不知道自己到底需要什么，不知道未来的路在哪里，于是，他们浑浑噩噩地度过每一天，从事自己不擅长的工作和事业，以至于踟蹰不前，一直无所成就。

一颗平常心，带你远离焦虑

一位德国哲学家讲过这么一段话：没有什么情绪比焦虑更令人苦恼了，它给我们的心理造成巨大的痛苦。而焦虑并非由实际威胁所引起，其给人的紧张惊恐程度与现实情况很不相称。通常来说，焦虑是无谓的担心。我们要彻底摆脱使人苦恼的焦虑，就要平静身心。

人生无常，但只要保持内心平静，无论外在世界怎么变幻莫测，我们都能坦然面对，做到不为情感左右、不为名利牵引，从而洞悉事物本质。

对此，我们应积极寻求克服焦虑的心理策略，下面的自我调节方法或许有助于你早日摆脱焦虑。

1. 找出引起焦虑和痛苦的根本原因

研究发现，很多焦虑症患者患病是有一个过程的，并且，这些焦虑症状早以其他形式体现出来，只是患者本人没有对自己的情况予以重视。因此，一旦发现自己有焦虑情绪，就应该学会自我调节、自我调整，把意识深层中引起焦虑和痛苦的事情挖掘出来，必要时可以采取合适的发泄方法，将痛苦和焦虑的根源尽情地发泄出来，经过发泄之后，症状可得到明显减缓。

心理启示

人生的平淡和起伏都是生命的轨迹，只有内心平和的人才能体味其中的真谛，因此，我们不妨以平常心看待生活，用心去享受简单生活中的快乐、幸福。

2. 尽可能地保持心平气和

要摆脱焦虑，最忌急躁；平和的心态是舒缓焦虑情绪的关键。凡事看淡一些，这对有焦虑症的患者尤为重要。

3. 必须树立起自信心

那些易焦虑的人，通常有自卑的特点，遇事时，他们多半会看低自己的能力而夸大事情的难度；一旦遇到挫折，焦虑情绪和自卑心理更为明显。因此，在发现自己的这些弱点时，就应该予以重视并努力加以纠正，决不能存有依赖心理，等待他人的帮助。要树立自信，有了自信心就不会害怕失败。十次之中成功一次，就会增添一份自信，焦虑情绪自然会退却。

活在当下，不要为明天担忧

人生在世，谁都希望自己明天走的是一条光明的康庄大道。但事实上，明天还未到来，过多的焦虑毫无意义，还不如着眼当下，努力充实好现在，那么，你收获的就不只是实力，还有一份淡然的快乐。

在人生目标的实现过程中，一个人只有内心平静、努力充实自己，等待时机、戒骄戒躁，日子才会过得悠然自得、从容不迫，这样才会找到自己的生活，完成自己的事业。

通常来讲，越是有所追求、想干点事的人，可能遇到的烦恼和痛苦就越多。凡事达观一点，看开一点，相信自己，终会心想事成。

在人生旅途中，很多人为明天而焦虑，担心明天的生活、工作，但实际上，这不过是杞人忧天，我们谁也无法预料明天，我们所能掌控的只有当下。

若想获得一个成功的人生，不仅要积累基础知识，更要修炼心性，心态改变命运，活好当下，全身心投入现在的生活和工作才是基础。现在是未来的基础，现在做什么、怎样做、要达到什么目标，决定了未来。

心理启示

其实，我们早已知道，烦恼让我们的身心健康受到威胁，毫无益处可言，我们的生活中从未有人因为烦恼而改善自己的生活状况，因此，我们不妨抛却烦恼，做个快乐的人。做一个快乐的人其实并不难，拥有幸福的人生很简单，只要我们懂得珍惜并把握好今天，放下焦虑。

当然，要放下为明天担忧的苦恼，就要从现在做起，以自身为本，培养出一种艰苦奋斗、开拓进取的精神品质；要树立积极达观的人生态度，就要把个人的成长与社会的发展紧密地

结合起来，从狭小的个人生活天地里走出来，从而实现崇高的人生目标。

詹姆斯·巴里说：“快乐的秘密，不在于做你所爱的事，而在于爱你所做的事。”工作在我们的人生中占据了大部分最美好的时光。比尔·盖茨有句话：“每天早上醒来，一想到所从事的工作和所开发的技术将会给人类生活带来巨大的影响和变化，我就会无比兴奋和激动。”

崇尚简单，绝不成为贪念的奴隶

“贪者，恶之大也”“祸莫大于不知足”“非智之不足，非技之不胜，利令智昏，贪婪之心，才是天下祸机之所伏”。贪婪是人性的一大弱点。一般而言，贪婪心理的形成主要是由于错误的价值观念：社会是为自己而存在，天下之物皆为自己所有。这是极端的个人主义思想，永远不会满足。他们得陇望蜀，有了票子，想房子，有了房子，想位子，从不会满足。于是，他们陷入无止境的欲求之中，一旦自己的欲求满足不了，就开始产生焦虑情绪，有何快乐可言？

不管你是在温室中成长，还是在困苦中挣扎，欲望都会存在于你的心中。欲望可以成为我们的信念，支撑我们渡过难关，但是欲望也像鸦片，容易上瘾。皮埃尔·布尔古说过：“人们常常听到这样一句话：‘是欲望毁了他。’然而，这往往是错误的。并不是欲望毁了人，而是无能、懒惰、糊涂。”

1. 警示自己

我们可以用前人的正反事例来警示自己。现实中的许多人，因为贪婪，以致身败名裂，留下千古骂名，到头来后悔莫及。我们应以前人的事例时刻警示自己，消除贪婪心理。

心理启示

人们对功名的追求有积极的一面，但过于执着于此、孳衍成无限膨胀的欲望，则会使人性堕落。我们若想获得快乐，就要学会少要求一点。经常修剪自己的欲望，让自己少点欲求，就会少一分焦虑。

2. 自我反思

你可以拿出一张纸，然后在纸上连续20次用笔回答“我喜欢……”这个问题。回答时应不假思索，一口气回答完，限时5分钟，全部写完后，逐一分析哪些欲望是合理的，哪些是过分的，这样就能明确贪婪的对象与范围，对造成贪婪心理的原因及其危害做较深层的分析。

3. 常保知足之心

人们常说：“知足常乐。”“知足”就不会心生邪念，而“常乐”也就能保持心理平衡了。

第12章

战胜抑郁，积极起来让自己更轻松

在这个各种各样的压力从四面八方袭向人们的社会，“抑郁”已经成了部分人的一种常态。面对外界的压力，他们往往无力应付，仓皇败退后，只能自己默默地叹一口气，同时感到深切的自卑、羞愧、痛苦，甚至是厌恶自己和其他的人或事。忧郁是一个隐藏的杀手，被它长久纠缠的人，无论身体还是心灵，都会受到很大的损害，乃至于无法正常地工作、生活。鉴于此，一旦我们出现反应迟钝、闷闷不乐、兴趣索然等情况时，一定要及时调整自己的心态，找到合适的办法令自己走出消极情绪，以避免陷入忧郁的魔爪，罹患抑郁症。

多与人交往，一个人的世界并不精彩

我们生活的周围，有这样一类人：他们因容貌、身材、修养等方面的因素而不敢与周围的人交往，逐渐产生孤僻心理。社会心理学家经过跟踪调查发现，在人际交往中，相对于心理健康者，那些心理不健康者，往往难获得和谐的人际关系，也无法从这种关系获得满足和快乐。

一般来说，孤僻心理有以下三个表现。

1. 太过冷静

理想的心理状态应该是乐观的、积极的、稳定的，不会因琐事忧心忡忡，也不会冲动莽撞。然而，不难发现，生活中有这样一类人，他们似乎总是以冷静和沉默来面对周遭发生的一切，这是典型的孤僻心理。

2. 行为偏执极端

生活中，一些人遇到不顺心的事，就采取过激的行为来发泄，这也是孤僻心理的表现。

3. 意志品质欠佳

那些意志坚强的人，对自己的行为有一定的自制调节能力，既不刚愎自用，也不盲目跟从，在实践中注意培养自己的果断与毅力，经得起挫折与磨难的考验。

那么，如何消除孤僻心理呢？应注意做到以下四点。

1. 完善个性品质

其实，只要你拥有良好的交往品质，从恐惧中迈出第一步，就能得到朋友的喜欢，慢慢地，心结也就解开了。“人之相知，贵相知心”，真诚能使交往双方心心相印，彼此肝胆相照，真诚的人能使交往者的友谊地久天长。

2. 正确评价自己和他人

孤僻的人一般不能正确地评价自己，要么总认为自己不如别人，怕被讥讽、嘲笑、拒绝，从而把自己紧紧地包裹起来，保护着脆弱的自尊心；要么自命不凡，不屑于和别人交往。孤僻者需要正确地认识别人和自己，多与他人交流思想、沟通情感，享受朋友间的友谊与温暖。

3. 培养健康情趣

健康的生活情趣可以有效地消除孤僻心理。利用闲暇潜心研究一门学问，或学习一门技术，或写写日记、听听音乐、练练书法，或种草养花等，都有利于消除孤僻心理。

4. 学习交往技巧

你可以多看一些有关人际交往的书籍，多学习一些交往技巧，把这些技巧运用到人际交往中，长此以往，你会发现，你的性格会越来越开朗，你的人际关系也会越来越好，同时，你会收获不少知识，认知上的偏差也能得到纠正。

心理启示

人生是精彩的，但一个人是寂寞的，一个人的世界并不精彩，那么，何不敞开心扉？

积极这把钥匙，能帮你打开心中抑郁的牢笼

生活中，当出现如下三大主要症状——情绪低落、思维迟缓和运动抑制的时候，一定要给予重视，这是抑郁的表现。抑郁会严重困扰患者的生活和工作，给家庭和社会带来沉重的负担，严重的还会导致抑郁症。它赶走一个人的积极情绪，使其丧失对周围人的爱。抑郁的人感到自己死气沉沉，缺乏生气，正如某个抑郁症患者所说的："我感到自己是一个空壳。"约15%的抑郁症患者死于自杀。

很明显，如果我们长期被抑郁控制的话，生活将失去光彩。具体来说，抑郁者会有以下表现：

（1）大部分时间感到沮丧或忧愁；

（2）缺乏活力，总是感到累；

（3）对以前喜欢做的事情缺乏兴趣；

（4）体重急剧增加或急剧下降；

（5）睡眠状态改变巨大（不能入睡，长睡不醒，或很早起床）；

（6）有罪恶感或无用感；

（7）有无法解释的疼痛（但身体没有任何问题）；

（8）悲观或漠然（对现在和将来的任何事情都毫不关心）；

（9）有自杀的想法。

那么，我们该怎样让自己走出抑郁的泥潭呢?

1. 淡化抑郁情绪

要改变这种状态，重要的是要认识到这是抑郁的自然反应。抑郁夺走了你的热情，不是你这个人本身缺乏热情，而是你所处的心理状态使然。一旦情绪改善，你的热情自然会复苏。但前提是，要弱化抑郁情绪给自己带来的影响，要告诉自己：抑郁是可以摆脱的。

2. 塞翁失马，焉知非福

抑郁会让你深入反思和内省，治愈后的你可能会达到比以前更高的思想层次。所以，如果你抑郁了，不要认为自己是不幸的。

3. 制订目标，用自己的行为定义成功

我们在定义成功的时候，尽量不要牵涉他人的行为。也就是说，自己哪怕是小小的进步，也是值得高兴的。比如，你很不喜欢与人交往，却约了小李下班后一起喝咖啡。只要你开口邀请过，那你就成功了。至于小李的反应，其实并不重要。

心理启示

即使心情抑郁了，也不必担心，抑郁并不等同于精神分裂。你只要告诉自己，我的情绪感冒了，正在发烧，还会打喷嚏，现在很痛苦，但吃点药就会好的。

有困难找朋友，借助友谊的力量

有人说，人生如同一次征程，我们独步人生，难免会遇到种种困难，困难面前，我们难免会悲观失望，甚至看不到一丝曙光，但如果能听到朋友们的鼓励和支持，我们就会重获力量，闯过难关。

专家曾研究过，人际关系不好，性格孤僻或跛扈、有缺陷的人，更容易产生抑郁症，抑郁又会进一步使人际关系恶化，这是一种恶性循环。

小刘是一名品学兼优的学生，马上就要硕士毕业了，但他的心里一直都有解不开的结。毕业前，他终于向多年的好友敞开了心扉。

“其实，以前我的人际关系很好，你也知道，直到现在，我的人际关系也不坏，所以，我一直比较乐观。只有一件事，我为此痛苦过，自卑过，就是自己的出身，我担心自己即使念到硕士，还是找不到工作。我是从山沟里走出来的，怕父母失望。我一直认为，这是令我最痛苦的事情了，没想到和另一件事相比，这根本不算什么。你知道，上星期我们班的李继出车祸了，我才发现，平安健康才是最大的幸福。能跟你把这些心里话说出来，我心里舒服多了。”

很多数据和事实一再说明了这样一个令人感到遗憾和痛心的现象：有心理障碍并想不开的人，大多数没有寻求过心理帮助。有些人之所以会选择自杀，就是因为他们有过重的心理压力而又不向朋友倾诉。生活中多数人回避自己的心理问题，不去勇敢地正视和面对它，没有积极地进行规范治疗，结果导致悲剧事件屡屡发生。

敞开心扉是抑郁患者摆脱抑郁的关键。而抑郁症患者为什么很难做到这一点？因为他们有某种心理上的顾忌，他们不愿意承认自己有抑郁症，更别说积极主动地配合医生治疗。

很多抑郁者在患病后，会选择偷偷吃药而不公开病情，就是因为他们对抑郁症的认识不足，将它误认为神经衰弱、精神分裂，再加社会上一些人对患者投以冷眼或歧视，背后传播流言蜚语，让那些本已伤痕累累的心灵雪上加霜，不敢袒露自己的苦闷。

那么，我们该如何向朋友寻求帮助呢？

1. 寻找信任的朋友

只有信任的朋友才会为你保密，真心地帮你解开心结。

2. 不要为朋友带来困扰

你需要寻求帮助的朋友必须是内心坚强的人，如果他比你更容易产生抑郁情绪，那么，你只会为他带来困扰。

心理启示

了解抑郁，才能更有效地远离抑郁。越早去面对心理创伤，就会越早走出心理创伤的阴影。要摆脱抑郁，最重要的是与别人交流，敞开自己的心扉，才能找到病候，对症下药。

3. 必要时寻求心理医生的帮助

如果你觉得朋友并没有帮助你脱离内心的煎熬，那么，你应该说服自己，寻找心理医生来为你答疑解惑。

生活中，寻求心理治疗的患者多半有两种情况，一种是自己已经认识到问题的存在，自愿寻求帮助；另一种是在爱人、朋友、父母的支持下寻求心理医生的帮助，这两者对于患者的治疗和恢复都有很大益处。

猜忌是快乐的最大敌人

我们不能否认，每个人都有疑心，这是人在社会生活中自我保护的心理。但所谓的自我保护，是相对于那些相交甚浅或是陌生人的，而对于自己的朋友，则应该以信任为基础。如果对待朋友处处设防，就是不正常的现象。

在我国，有个“疑人偷斧”的故事。

一个人丢了斧头，在没有弄清事实真相以前，总是怀疑邻居偷了他的斧子，在他眼里，邻居怎么看怎么像小偷。然而当他找到斧子之后，才知道自己怀疑错了。

“世间本无事，庸人自扰之”，问题的结点是自己的猜忌和多疑。

疑心不仅是对友谊的一种摧残，更是对心灵的一种折磨。杯弓蛇影的典故就是很好的例证。弓影投映在盛酒的杯中，好像小蛇在游动，饮者以为真把小“蛇”给吞下去了，越想越恶心，结果害得自己重病一场。疑心太重，到头来自讨苦吃。

实际上，无端猜忌属于不健康心理。多疑的人心胸狭隘，斤斤计较，患得患失，与人相处，眼里总是坏人比好人多，所以朋友很少，更无至交。他们思想飘忽不定，心无主见，容易受人挑唆，无中生有，怀疑一切。由于心理不健康，往往生出许多事端，自己给自己制造麻烦，事后又常常后悔不迭。

那么，如何赶走人际交往中的猜忌心理呢？

1. 理性思考，不无端猜疑

当你发现自己在猜疑一件事或者一个人时，不妨打断一下自己的思维，问一问自己，为什么要猜疑？这样做对吗？如果怀疑是错误的，有哪几种可能发生的情况？

2. 发现自己的优点，增强自信心

每个人都不是完美的，有优点也有缺点，但我们不要一味地盯着自己的缺点看，这样只会让自己灰心丧气。发现自己的优点，能培养自信心，在获得成就后，会更有信心地生活。

3. 从心理上根除猜疑

行为总是在执行心理，从心理上根除猜疑，行为也就能与之决裂。要告诉自己，那个我不喜欢的人并不是坏人，我只是放大了他的缺点，没看到他的优点而已。长期这样的心理斗争，必能让你根除猜疑。

4. 增强自我调节能力

人生在世，不可能每个人都称赞我们，对于别人对自己的评价，我们不必猜疑。但丁有一句名言；“走自己的路，让别人说去吧。”要善于调节自己的心情，不要在意他人的议论，该怎样做还是怎样做，这样不仅能让自己从猜疑中解脱出来，而且产生的怀疑也会烟消云散。

心理启示

猜忌问题的根本在于自己，只有不断地战胜自我，才能克服多疑心理。战胜自己的狭隘，就会心怀坦荡开朗；战胜自己的偏激，就会理智处事；战胜自己的浅陋，就会多一些宽容；战胜自己的孤僻，就会多一些友谊。这样不断战胜自我，才会迎来美好、和谐、顺达的人生。

5. 多沟通，解除疑惑

在人际交往中，彼此之间会有一些摩擦或误解，这也许是由于理想、观念的不同而导致的，也有些猜疑来源于误解。这些情况，应该通过适当的方式解决，比如，两个人坐下来交流。通过谈心，不仅可以使各自的想法被对方了解，消除误会，还能避免因误解而产生的冲突。

寻根究源，别再让童年阴影困扰你

英国《精神病学》杂志曾经发表过伦敦大学国王学院科学家的一项研究。这项研究的对象是出生在1950年到1955年间的7100个人，研究人员发现，这些人中，在年幼阶段遭遇过不幸经历的人在性格上都比较忧郁，成年后，他们也没有走出阴影，同时，他们比一般人更容易遇到一些因健康导致下岗的问题。

后来，有心理学家提出，如果在童年时期遭遇某些压力或者不幸，很可能导致健康问题甚至早死，可见，童年时期的不幸遭遇，会对成年后产生很大的影响。

童年时期遭遇的不幸，会对成年后的心理产生深远影响。人是生活在一定环境中的，任何一个人不可能不受环境影响，而在童年时期，人的心智、思想等方面还未成熟，一旦遭遇某些不幸，如虐待、失去双亲、得不到关爱等，就很容易导致人格缺陷、性格扭曲等问题，这会对成人后的人生观、价值观等方面产生负面影响。

所以，什么都不能成为我们消极处世的理由，最重要的是摆正对待生活的态度和培养承受挫折的能力。别人可以从阴影中走出来，你也可以。

心理启示

如何走出童年心理阴影？这需要一个过程，你需要面对、接纳、包容，然后才能超越，即使感觉有愤怒、抑郁的情绪，也没什么可怕的，只需保持健康快乐的心理状态，学会释放工作和生活中的压力，并加强身体锻炼。

患得患失，你只会越发沉重

一位作家曾说：“世界上最可怜又最可恨的人，莫过于那些总是瞻前顾后、不知道取舍的人，莫过于那些不敢承担风险、彷徨犹豫的人，莫过于那些无法忍受压力、优柔寡断的人，莫过于那些容易受他人影响、没有主见的人，莫过于那些拈轻怕重、不思进取的人，莫过于那些从未感受到自身伟大的内存力量的人，他们总是背信弃义，左右摇摆，最终自己毁坏了自己的名声，一事无成。”

美国斯坦福大学的一项研究表明，人大脑里的某一图像会像实际情况那样刺激人的神经系统。比如，当一个高尔夫球手击球前一再告诉自己“不要把球打进水里”时，他的大脑里往往会出现“球掉进水里”的情景，而结果往往如头脑中的图景那样，球大多会掉进水里。

那么，我们该怎样克服患得患失的心态呢？

1. 摘掉假面具

与人交往，坦白自己的感受、承认自己的不足，会让你觉得更轻松，也会让他人觉得你更可爱，越是掩饰不足，越会让你紧张，并且使自己看起来很虚伪。坦白是把双方距离拉近的有效方法。

心理启示

我们越是太过于专注某一件事情，越是很难做好。许多感觉实在难以完成的任务，心里不去想了，以平常心去对待，往往却又轻而易举地完成了。

2. 化焦虑为力量

一般来说，我们对成功的渴望越强，就越容易焦虑，而要克服这一点，我们可以反过来看这个问题，让情绪来帮忙，这被心理学家称为“积极性重构”，即以不同角度来看问题——从好处看，而不是从坏处看。当你对自己有信心、具有表达自己感受的勇气时，就能把自己的焦虑减轻，使之化为力量，从而坚强起来。

3. 专注事情本身，淡化焦虑

如果太注重成功，结果往往会失败。只有注重事物本身的特点及规律，专心致志地去行动，往往会收到意想不到的效果。

第13章

自我调节，放下压力才能闲适轻松

身处这个经济高速发展、节奏异常迅猛的社会，每个人或多或少都要承担着别人无法体会的压力。当我们独处时，收起早已僵硬的笑脸，只能暗自品味忙碌之后的疲惫，甚至没有气力再去回顾当初的设想，此时的我们，又该何去何从？停下脚步吧，给自己空出一段时间，去休息，去散心，去探索自己内心真正的愿景。当我们明白了自己真正想要的，学会了在工作与休息间游刃有余，神经不再紧绷、心中不再堆存情绪垃圾时，压力便无影无踪，身心也不再疲惫。这时，重新踏上征程的我们，便是无坚不摧的勇士。

制定合理目标，然后稳步前进

生活中，人们常开玩笑说："梦想很丰满，现实很骨感。"人活于世，我们都想留下点什么，但并不是所有人都能实现自己的梦想。甚至有一部分人，年少时他们虽有自己的梦想，但在不断追梦的过程中，经受不住来自外界的诱惑，逐渐被尘世中的名与利迷乱了双眼，并沉沦于名利。当他们回首过去，却发现，自己早已远离当初的梦想了。

诚然，激烈的社会竞争要求我们不断充实自己，否则，将会被社会淘汰，但如果一味地以追名逐利为目的，那么，在不断的追逐中，我们终将失去自我而成为名利的奴隶。因此，我们需要常常自省，检查自己的行为与思想是否偏离了人生的轨道。

那么，生活中的人们该如何以正确的心态提升自己呢?

1. 为自己制订一个合适的计划和目标

不追名逐利，并不意味着我们庸庸碌碌，放弃自己的梦想。的确，任何人都有梦想，但并不是所有人都实现了梦想，其中一个重要原因就是他们没有规定自己要在一定期限内完成自己的目标。于是，随着时间的推移，这些人的梦想只能逐渐搁浅。

心理启示

人生路漫漫，因为各种突如其来的选择，我们常错过许多本来有缘的道路，走上原本没有交集的另一条路。你需要做的是，选择正确的人生道路，规划自己的人生，永远给自己新的机会，才能离属于你的舞台越来越近！

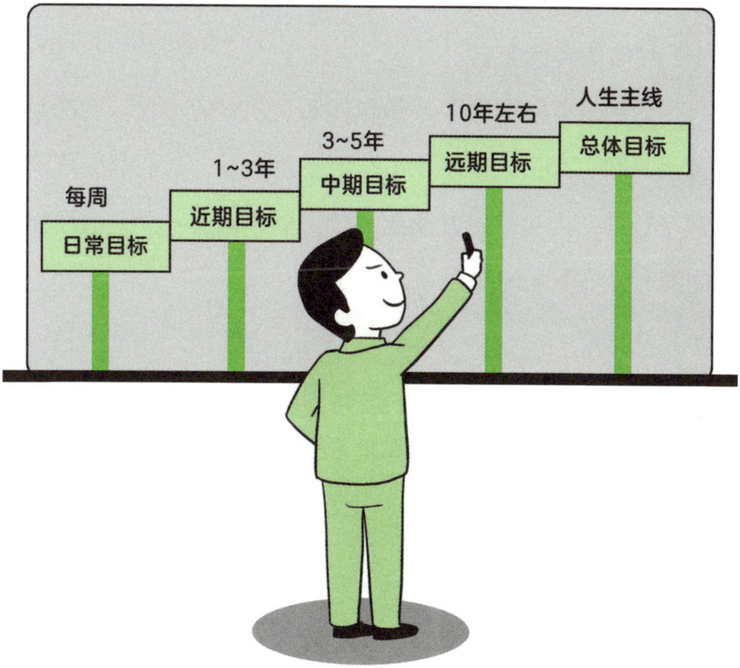

我们常说没有做不到，只有想不到。也就是说，没有不合理的目标，只有不合理的期限。所以，在设立目标的同时，一定不能忘了为自己的目标设定一个期限。

比如，如果你的目标是要完成一本书的写作，但你并没有给自己一个期限，那么，你就会不断给自己找借口，不断拖延下去，直到生命的终结。而如果你给自己设定一个期限，比如一年或两年、三年，那么，你就会按照这个期限来约束自己，在规定的时间内完成。

当然，设置的这个期限需要有一定的紧迫性，并具有可操作性，这样才能鞭策我们。

2. 经常为自己充电

“活到老，学到老”，是现代人必须有的理念。无论是拿出业余时间去深造，还是在工作中不断学习，我们都应该展开思索与行动，为自己做好职业定位，量身打造一个充电计划，才能拥有纵横职场的能力。

3. 常自省

你是否因为周围人升迁、获得财富而蠢蠢欲动？你是否为了赶超他们而采取过行动？你是否想一夜暴富？如果有这样的想法，你最好停下脚步，告诫自己，不要迷失了人生的方向。

自我调节，感受生活的多姿多彩

生活是单调并且现实的，我们并不是活在锦衣玉食、花团锦簇中，我们必须为家庭、为事业、为生活奔波，很多时候，我们真的累了。但只要我们懂得调节自己，就能为单调的生活添点彩。

我们要用平和的心态去面对生活的平凡与简单，并努力让生活变得不单调，从而让自己持久地享受快乐。其实，平凡本身就是一种幸福。

因此，忙碌的人们，从现在起，不妨先善待自己，让自己的身心都偷一下懒吧：

（1）每天出门前将自己打扮得干净、利落一点，然后照照镜子，对自己笑笑；

（2）每天睡觉前读点书，读书让我们的灵魂不再空虚；

（3）偶尔写写文字，将自己的心情记录下来；

（4）买适合自己的衣服，不要让衣服束缚你的身体；

（5）可以偶尔变换一下穿衣风格，换换自己的心情，也给别人一个惊喜；

（6）经常变换发型，当然要与服装搭配；

心理启示

我们在生活中要学会自我调节，工作的时候认真地工作，玩的时候尽情地玩。善待自己，才能享受生活。

（7）交几个聊得来的朋友，在生活中遇到什么事情，他们能诚心诚意地给你提些建议；

（8）养几盆花草，悉心照料它们，当它们开出花儿的时候，你会很有成就感。

找到工作中的乐趣，让生存与生活同在

我们可能都有这样的经历：学生时代，偶尔会上课打瞌睡，其中一个重要原因是我们对那门功课不感兴趣。同样，当我们对自己所做的工作不感兴趣时，也会感觉到疲惫，无精打采，导致业绩差。

工作不仅为我们提供了生存的机会，还让我们找到了自己在社会中的价值。但事实上，并不是所有人都能认识到这一点，我们经常看到，一些人或因为报酬不理想而放弃现在的工作，或为了一个薪资更好的工作而放弃快乐，或在现有工作上“做一天和尚撞一天钟”“得过且过”，他们工作的目的就是领取每月按时发放的薪水。你是否想过，你工作得快乐吗？

下面的四个步骤能帮你反省是否知道自己在做什么，试用一点点时间来思考一下，也许你会为你所发现的真相感到惊讶。

1. 保持良好的精神状态，迎接每一天的工作

你要确立并始终保持不甘落后、积极向上、奋发有为的精神状态，清醒地认识自己肩负的责任，切实增强时不我待、只争朝夕的紧迫感，树立强烈的事业心和进取意识。如果把所从事的工作只当成一个混饭吃的营生，那么，你就很难有工作积

极性，也就很难做好工作。

2. 不要只把注意力放在金钱上

钱是赚不够的，因此，我们不要把眼光只放在薪金的多少上，而是应该多关注自己创造的价值。工作带给你的成就感和满足感会超越金钱。

3. 找出你在工作上的重要价值

请思考：当初你为何接下这份工作？如果这只是一份临时的工作，你是否认真考虑过将来你真正想做的事是什么？然后再问你自己：因为我的加入，这份工作是否变得不一样？正确的价值观在个人成就感及福祉中扮演着重要角色。

检讨自己为何做现在的工作，这并不代表你不满意它，只是花些时间自省。这样的省察会使你意识到工作带来的成就感，加强自我实现的意志，知道自己真正在做什么。

4. 敢于问自己：我做这份工作值得吗

如果在工作中，你根本发现不了自己喜爱的部分，正想尝试换另外一份工作，那么，你应该考虑一下，是不是因为以下原因：你是不是没找到在工作中努力的方向，而不是这份工作本身的原因？你是否喜欢工作中的自己？若答案为否，你能够做一些改变吗？或者问题是出在工作本身？你是否要换到另一部门工作？是否有其他原因使你无法完成该做的工作？也许你只需要重新调整好目标，审慎地进行选择。

心理启示

当我们能做到为自己工作、为明天积累时，将拥有更大的空间去挥洒，得到更多的实践和锻炼机会。找到工作中的乐趣，能够让你在工作岗位上更主动、更积极，为自己不断开创新的机会和发展空间。

烦琐家务，也可以更有趣

每个成家的人都有一种真切的感受，似乎总有做不完的家务事。他们永远像忙碌的小蚂蚁，不仅要为工作操心，还要为烦琐的家务劳神。其实，生活本就是烦琐的，家务更是永远也做不完的。若想让自己的身心轻松一些，就要学会在简单中寻求突变，让家庭生活多元化起来。

1. 不要有心理负担

在做家务时，不要总督促自己："这么多事，今天必须要做完。"也没有必要把做家务当成一件非做不可的事，即使不做也没什么。可以转换一下想法：做家务是一件放松心情的事，可以让自己远离费心劳神的工作。

2. 不要操之过急

既然家务并不是一件必做不可的事，那么，没必要图快，过多考虑做家务的速度和质量，只会让人容易产生疲劳感。为此，不妨听着音乐做家务，不仅不会觉得疲劳，还会觉得是一种享受；在闲暇时哼着小曲整理一下衣柜，可以把不再穿的衣服送给适合穿的人。看着孩子的小衣服还会想起孩子小时候的可爱模样，这也是一种精神享受。

心理启示

面对烦琐的家务，若我们能以一种闲适的心情来做，把它当成一种乐趣，那么，做家务就会成为我们放松心情的一种享受。

3. 不必过分认真

有不少人对自己乃至家人做家务的质量总是不满意，比如，衣服没有洗干净、地没有拖干净等，唠叨不休，这么一来，做家务还有什么意思呢？即使家务没做好，也不是什么违反原则的事，对此不必较真。

保持热情，是职场不断进取的动力

曾经在网络上有个被网友广为评价的帖子，内容是这样的：

“你最痛苦的事情是什么？”

“加班。”

“比加班更痛苦的事呢？”

“天天加班。”

“比天天加班更痛苦的呢？”

“义务加班。”

为什么这段话能受到网友们的热捧？很明显，因为它真切地传达了很多人内心对工作的情绪。如果你对这种情绪有同感就表明：“倦怠情绪”正在你的身体中蔓延。

小夏是一家知名化妆品公司的员工。在大多数人眼里，她是一个幸运儿——目前从事的化妆品的市场推广工作，既和自己的专业对口，又与自己的兴趣相投。她已经在这个公司工作了整整7年。然而7年来，小夏没有得到升职。目前的她觉得工作越来越没劲。她无奈地说：“我每天都不想上班，就想着只要不出错就万事大吉了。虽说我曾为了能实现自己的梦想付出了很多，但现在那种职业的成就感没有了。”

小夏的情况在职场白领中较为普遍。首先，为自己做一个诊断，看看自己是否正在懈怠中。

（1）对工作开始缺乏热情，注意力不集中，对上级交代的任务提不起兴趣，工作时间延长，同样的工作需要花费更多的时间；

（2）经常会出现头痛、胃痛、肌肉酸痛等症状；

（3）开始莫名其妙地猜疑一些事情，比如，总是怀疑自己生病了，不停地去看医生；

（4）缺乏食欲，失眠；

（5）在工作中情绪不稳定，对人际关系敏感，遇事容易着急，一着急又容易发火。

以上五个症状，如果你有三个以上，就要警惕了，你很可能已经成为一只可怜的职场“倦鸟”。

那么，如何才能解除这种职场倦怠感呢？

1. 科学规划职业生涯

先了解自己的特长、优点等，这样你才能寻找到适合自己的工作，并在工作中得到成就感和满足感，你的职业前景也会变得明朗、开阔起来。

2. 端正心态

工作并不只是为了获得每月定时发放的工资，工作更是一种自我价值与社会价值实现的过程，因此，我们每天都要带着感恩的、阳光的心态去工作。

心理启示

所谓职业倦怠，指的是人们因为缺乏职业目标和规划，或者因为工作中出现某些问题、工作环境等方面的原因而导致的工作热情缺乏、工作效率下降的现象。

3. 与同事、上司搞好关系

在工作中，与上司、同事的关系如何，直接影响到你在工作中的心情、工作效率等各个方面。

4. 学会休息

即使你再忙，也一定要保证每周至少一天的休闲时间，让自己从繁忙的工作中脱离出来。

第14章

从容前行，不必追悔过往

曾经有人说过："人不要后悔，如果你一直后悔，那么只能证明你一直以来做的都是错的。"这句话很有道理。如果我们不断地悔恨，那么，在一个个今天变成昨天时，我们的每一个"今天"，都在用来追悔"昨天"，也就是说，我们的每一个"昨天"，都是错误的。人生漫长却又短暂，当我们老了，当我们回首往事的时候，难道会愿意发现，自己的一生都是错误的吗？停止那些无止境的追悔吧！能够推动我们脚步的，是适度的自省，而不是泛滥的悔恨。一个一直活在悔恨中的人，又如何能欣赏前方的美景呢！

做错没什么，就怕总是错

人无完人，每个人都难免会犯错。但人也要懂得改错的优点，在犯过一次错误后，多半能从中吸取教训，找到错误的根源，从而避免再犯。因此，在错误面前，大可不必过分自责。

某动物园内，一天，工作人员发现丢了一只高大的袋鼠。于是，工作人员开会讨论商量对策，他们得出的结论是：丢失的是一只高大的袋鼠，因此，一定是栅栏的高度不够。于是，他们决定加高围栏。可出乎意料的是，第二天袋鼠还是跑出来了，于是他们又加高了围栏。令工作人员百思不得其解的是，第三天袋鼠还是跑出来了，于是工作人员下定决心将围栏继续加高。然而这次更糟糕，袋鼠不仅跑了出来，还跑丢了几只。工作人员真的束手无策了。

那么，到底是什么原因让袋鼠得以逃跑呢？我们来看看袋鼠的回答。

一天，几只袋鼠闲聊："你们认为，那些人还会继续增高我们的围栏吗？"

"很难说，"一只袋鼠说，"如果他们继续忘记关门的话！"

心理启示

温斯顿·丘吉尔说过，成功，是一种从一个失败走到另一个失败，却能够始终不丧失信心的能力。因此，即使你做错了事，也不要总是责备自己。如果你已下定决心不再犯类似错误，更应该停止自责，摆脱悔恨的纠缠，使自己有心情去做别的事情。如果悔恨的心情一直无法摆脱，一直苛责自己，懊恼不已，那就是一种病态心理。

看完这个寓言故事，我们不禁感叹，动物园的这些工作人员真是愚蠢至极：他们居然接二连三地犯同样一个错误。他们没有思考采用的方法是否行得通，而是在一条错误的道路上越走越远，结果一错再错。

这个故事给我们的教训是，无论是工作还是学习，如果发现自己在同一个问题上接二连三地出现错误，那么，就应该重新考虑解决的方法是否正确。回头看看，也许答案就在身后。通常，我们会忽略一些虽小却很关键的问题，因为人一旦形成一种思维定式，就很难再跳出来重新审视。

的确，在这个世界上，谁都难免犯错误。要想不犯错误，除非什么事都不做，而这恰好是最基本的错误。从另一个方面看，避免犯错误的人，其成长道路也会受到限制。在现实中，仅有学校的知识是不够的，还必须具备社会的智慧。生活是最严厉的老师；与学校书本教育方式完全不同，生活的教育方式是，我们首先遭遇挫折，然后从中吸取教训。在学校，我们可能会因为没犯错误而被认为是聪明的学生。而在生活中，我们的智慧恰恰是因为我们犯过错误，并且从中吸取教训。

可见，对于错误，应有的态度是：对自己宽容，犯了错误不过分自责，同时要努力做到不再犯。

选择了，就不要害怕承担结果

生活中，到处存在选择：选择高远，选择普通，选择伟大，选择平凡，选择有无，选择是非……漫漫人生路，选择构成了我们人生的画面。人的一生会面临无数次的选择，但是有谁能做到选择后就没有后悔过？但后悔又有何用？

很多时候，我们总在叹惋，要是时间可以重来该有多好；要是当初能珍惜时间，就不会有如此多的遗憾……我们总是在后悔。可是往事能重来吗？不能。我们为什么活在对过去的追悔中，甚至因此一蹶不振？为什么拥有的时候却不知道珍惜，失去的时候才知道可贵？既然如此，我们就应该好好把握今天，抓紧一分一秒，不要把后悔留给明天。泰戈尔曾经说过："如果错过太阳时你流了泪，那么你也要错过群星了。"昨天是一张作废的支票，明天是一张期票，而今天则是我们唯一拥有的现金——所以应当聪明地把握。

泰戈尔有这样一句话："我曾错过太阳，但我不哭泣，因为那样我将错过星星和月亮。"没错，过去了就让它永远地成为回忆，失去了就永远地记住曾经拥有，即使再痛彻心扉、肝肠寸断，失去的也不能再得到，过去的也不会再回来，不如抓住眼前的一切，珍惜此刻所拥有的，说不定“星星和月亮”也会放出如同太阳一样的光辉，那样，我们将不会为错过“太阳”而悔恨。因此，对于选择，要做到“选自己所爱，爱自己所选”。

“选择自己所爱”，意思是：当有机会“选择”，且在面临可以选择的人和事物时，要选择自己所爱的、自己喜欢的、自己中意的，这样起码对有机会选择的人来说，将来不会留下遗憾。

“爱自己所选”，意思是：做出了选择后，就要珍惜、尊重，就要执着，就要爱，就要对自己的选择投以热情、注入责任心。

可以说，这两句话是人们对生活“理想状态”的期望。的确，在人生的道路上，很多时候需要作出抉择。面对两难的选择，一些人迷惘了，他们把一切交给时间老人来定夺，时间老人回答说：“你们不可能同时踏上两条道路，即使你们认为自己在抉择上已经很谨慎了，但你们要知道，谁也不能判定这个抉择到底是对还是错。很多时候，人的痛苦就在于抉择。其实，每条路都是一样的，只要我们用心选择。”

心理启示

任何人的一生，都是不断抉择的过程，虽然抉择很多时候是痛苦的，但我们也必须坦然面对。因此，请不要活在过去的记忆里，不要对过去怅然若失，而要真真切切地面对生活，那样你会感悟到严肃认真的选择是一种对美的追求。

无需追悔，你只管前进

有人说，人生像一只口袋，当袋口封上的时候，人们会发现，里面装的全是没有完成和令人遗憾的东西。但即使如此，也不要一味地沉浸在悔恨和遗憾中，因为一旦陷入悔恨中，就无法取得新的进步。

生活中，关于得失，大可不必太在意，既然决定做了，拿起了就不要后悔，因为这个世界没有后悔药，要勇敢地面对自己的人生，因为人生的路都是自己走的，别人不能替你。一个决定可能影响一个人的一生，就算失败也不后悔，大不了从头再来。

有这样一个故事：

一个少年在赶路时不小心把行囊里的砂锅打碎了，可他头也不回继续前行。有人拦着告诉他砂锅碎了，少年却答道："碎了，回头又有什么用？"说罢继续赶路。

看完这个故事，我们不由为少年的睿智而喝彩。英国有句谚语：别为打翻的牛奶哭泣。这些都告诉我们：如果你不小心在人生旅途上栽了个跟头，千万不要沉浸在失败的阴影中，要调整好自己的状态，继续走好往后的每一步。

心理启示

“碎了，回头又有什么用？”我们应该将这句话铭刻在心中，并提醒自己：别为打翻的牛奶哭泣。无论曾经犯下多大的错误，曾经有过多少失误，都不能成为我们停下前行脚步的理由，只有收拾好心情，尽力走好未来的每一步，我们才会有更美好的明天！

可见，若想取得进步，就要走出悔恨和自责的心理误区，除此之外，还需要做到：

1. 自省

柏拉图说过，内省是做人的责任，人只有通过内省才能实现美德。一个善于自省的人遇到问题往往会反求诸己，从自己的身上找原因，而不是把问题推到别人身上。

2. 自我纠错

美国“氢弹之父”爱德华·泰勒具有极好的自我纠错习惯，很多时候，他能自己否定那些在外人看来已经很了不起的见解，正因为这样，他最终沙里淘金，做出了不平凡的成就。

过好当下，昨日之事已经过去

有人对人生作了一个很恰当的概括：人的一生可简单概括为昨天、今天、明天。这“三天”中，“今天”最重要。因为过去的已经成为事实，再去追悔已经无济于事，而对于明天的事，谁也不能打包票，因此，我们要做的就是活好当下。

有人说，想过好今天，要学会做三件事。

第一件事是“学会关门”。因为在昨天和今天之间有一扇门，把这扇门关紧了，就能变得快乐、轻松。

第二件事是“学会计算”。人的一生如账本，有人记下的全部是问题、痛苦，而快乐的人记下的都是幸福，前者显然只会徒增烦恼。

第三件事是“学会放弃”。请牢记：“先舍后得；只有舍了，才会有得。”

生命的意义永远蕴涵在今天。昨天，无论是荆棘密布还是掌声处处，都没必要再去怀念或者追悔。对过去的怀念或追悔，只是徒增自己的烦恼，干扰当下该做的事情。当然，检讨与反省过去、积累经验和教训是可以的，但没有必要因此而影响当下的情绪。

心理启示

身处逆境，也要心怀感恩，心存喜乐，认真活在当下，真实活在今天，过好快乐的每一天。无论昨天遇到了什么，都要学会忘记，忘记过去的伤痛，拥抱阳光。

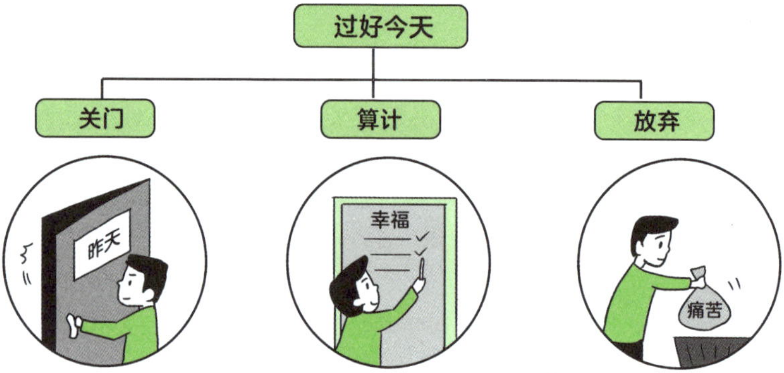

反省自己，但不必懊悔

生活中，我们经常要面临两难的抉择，尤其是在现在这个信息纷繁的社会中，作出正确的抉择不是一件易事，这就需要我们有出色的判断能力。但无论作出什么决定，采取什么行动，也无论最终得到什么结果，都不要反悔。你要明白的是，反思可以让你成长，但反悔无济于事。你需要做的就是，不断反思自己的过失，在反思中行进。

在这一点，孔子给我们每个人都树立了榜样。

一次，孔子和他的弟子子路、子贡、颜渊到海州游览。孔子听到隆隆的声响，对子路说："山的那边在打雷和下雨，为何还要赶着去？"子路说："这不是雷雨声，而是海浪拍岸之声。"孔子从未见过大海，想到海边去看看大海，于是孔子一行乘车到了海边的朐阳山下。

孔子和他的弟子爬上了山顶，只见水天相连，海阔无际，他们都兴奋极了。这时，孔子感到又热又渴，让颜渊下山去舀海水来喝。

颜渊拿了盛器正要下山，忽听到身后有人在笑，大家都觉得很奇怪，回头一看，是个渔家孩子，于是就问他笑什么。那个孩子说：“海水又咸又涩，不能喝。”说完，他把盛了淡水的竹筒递给了孔子。

孔子喝了水，解了渴，十分感激那个孩子，正想道谢，忽然海风吹来了一阵急雨，子路一看着急了，大声嚷道：“糟糕，现在到哪里去躲雨呢？”

那个渔家孩子对大家说：“你们都不用着急，请跟我来！”说完，那孩子就把孔子一行领进一个山洞，这是他平时藏鱼的地方。孔子站在洞口边躲雨，边观赏雨中的海景，不由得诗兴大发，吟出了两句诗：“风吹海水千层浪，雨打沙滩万点坑。”孔子的三个弟子都齐声赞扬孔子的诗做得好，那孩子却持反对态度，对孔子说：“千层浪、万点坑，你有没有数过？”孔子对孩子的反诘表示赞同。

雨停后，那孩子又到海上打鱼去了。孔子回想起刚才发生的几件事，歉疚而又自责地对三个弟子说：“我以前讲过唯上智与下愚不移，看来这并不妥当，还是应该提倡‘学而知之’，‘知之为知之，不知为不知’。”

孔子在当时已是名扬天下的贤人，但是，在一个孩子面前，他认识到自己的不足和错误并勇于承认。这正是孔子的圣贤之处。

在生活中，更多的人在遭遇挫折或犯了错误时不是反躬自省，而是责怪或迁怒别人，对于自己的过错，他们其实很容易发现，但却总想方设法找出许多理由将其掩盖起来。只有敢于主动承认错误并积极改正，才能更好地完善自身。

心理启示

什么是真正的过错？有过错而不肯改，这才是真正的过错。知错能改，善莫大焉。若想逐步完善自己，就必须戒除反悔的思维习惯，不断反思自己，主动改正错误。

昨日再惨淡，明天也是崭新的

人生如同一杯泡好的茶，有浮有沉，有高有低；有显赫与辉煌，有普通与平淡，甚至还有在人生低谷受到的打击，感觉前途灰暗时的自卑与放弃，有的人一生未走出糟糕的昨天，导致一辈子都庸碌无为，活在自己编织的悔恨中。

对于糟糕的昨天，我们越是抗拒，越是无法平和地面对。因此，首先要接受它，若是不断地反问自己“我怎么会这样呢？”“我怎么会遇到这种事情？”，这样只会让痛苦加剧。

如果你能减少抗拒的时间，那么，你就能较早地走出来。比如，你的亲人去世了，你肯定会伤心、痛苦，但如果你能告诉自己“逝者已逝”，那么，你会逐渐变得平和起来。相反，你越抗拒，痛苦持续的时间就越长，你面临的人生低潮也会越长。而接纳现状与“我不愿再烦恼了”“我不可能再发展了，就接受这种状态吧”这样的态度是不同的，后者是一种消极处世的态度，而前者则是进取的。

其次，要对自己有信心，要相信自己能走出来，虽然现在正处于不好的情况，但自己一定能过这个坎，而且通过这些会变得更成熟更强壮。

心理启示

人生有高潮就有低谷，或许你认为在你面前的是很难翻过的门槛，其实当事情过去以后，你会发现，它在你人生路上是多么不显眼，根本无须惊怕，所以，遇到困难时，你应该重新扬起自信的风帆，鼓起劲儿摇桨，向成功的彼岸进发。

这些人生低潮是上天赐给你的，让你成长、变强的礼物。有这样一个故事：

伟大的所罗门王曾经做过一个梦，在梦中，有个智者告诉他一句话，这句话犹如灵丹妙药一样可以治疗人在失意和得意时的种种病。但是所罗门王醒来时忘了这句话是什么，于是，他召集王国里最有智慧的长者，并给了他们一枚戒指，告诉他们，如果想出梦中的话，就把它刻在这枚戒指上。几天后，戒指被送还给所罗门王，上面刻着：“一切都会过去！”

是啊，无论过去发生了什么，一切都会过去的，新的一天也会来临。

情绪低潮期应该是我们重建自己的时候，因为可以由此重新审视自己，调整自己。我们从成功中学不到太多有益的东西，成长来自失败、低潮，当然，还需要你能正确地认识它、接受它。

参考文献

[1]傅小兰.情绪心理学[M].上海：华东师范大学出版社，2016.

[2]张耀翔.情绪心理学[M].哈尔滨：哈尔滨出版社，2020.

[3]陈荣.情绪心理学[M].北京：中国纺织出版社，2019.

[4]赵冬瑶.情绪心理学 [M].北京：中国经济出版社，2020.